수학특성화 중학교 *SEASON 2*

수학특성화중학교 **SEASON 2**
③ 제로의 마지막 음모와 기나긴 방학의 끝

초판 1쇄 펴냄 2019년 9월 25일
    7쇄 펴냄 2024년 3월 29일

지은이 김주희 이윤원
그린이 녹시
창작 기획 이세원

펴낸이 고영은 박미숙
펴낸곳 뜨인돌출판(주) | 출판등록 1994.10.11.(제406-251002011000185호)
주소 10881 경기도 파주시 회동길 337-9
홈페이지 www.ddstone.com | 블로그 blog.naver.com/ddstone1994
페이스북 www.facebook.com/ddstone1994 | 인스타그램 @ddstone_books
대표전화 02-337-5252 | 팩스 031-947-5868

ISBN 978-89-5807-728-2 04410
    978-89-5807-711-4(세트)

수학특성화중학교 SEASON 2

❸ 제로의 마지막 음모와 기나긴 방학의 끝

김주희 이윤원 지음 | 녹시 그림

뜨인돌

등장인물

진노을

국회의원 진영진의 아들로 금수저를 물고 태어났다. 장난기를 과하게 탑재한 덕에 사건 사고를 몰고 다닌다. 수학특성화중학교에 들어와 인공지능 프로그램 '피피'를 발견하며 범죄 집단 '제로'의 음모에 휘말리게 된다. 다사다난한 1학년을 마치고 맘껏 놀 꿈에 부풀었으나 세계 각지에서 일어난 테러로 인해 외출 금지 신세.

임파랑

수학특성화중학교 수석 입학자로 공부가 제일 쉬웠다. 취미는 수학, 특기도 수학. 애매모호한 걸 싫어한다. 특히 감정과 관련된 부분이 가장 어렵다. 학교 축제 때 커플 매칭 프로그램으로 서로의 마음을 확인한 뒤 란희와 사귈 것 같았으나 눈치 없는 노을의 방해로 알쏭달쏭한 관계를 유지하는 중이다.

허란희

노을의 소꿉친구. 아버지가 노을의 집에서 20년째 운전기사 일을 하고 있다. 발랄한 다혈질 캐릭터로 외로워도 슬퍼도 울지 않는다. 썸인 듯 썸 아닌 듯 파랑과 애매한 관계를 유지하고 있는데, 그런 란희 앞에 인기 아이돌 그룹 '리미트'의 멤버인 무리수가 나타난다.

한아름

란희의 짝꿍이다. 그림에 재주가 있다. 평소에는 조용하고 수줍음 많은 성격이지만, 아이돌 그룹 리미트와 관련된 일에는 누구보다 무섭게 돌변한다.

박태수

있는 집 자식. 으스대며 초등학교 생활을 했지만 콤플렉스가 있다. 파랑 때문에 단 한 번도 1등을 해 보지 못했다는 것. 건방진 성격이었지만 학기 중에 잠깐 란희와 사귄 뒤로 바뀐 것 같기도……? 현재는 결별 상태다.

김연주 & 류건

범죄 집단 '제로'를 잡기 위한 비밀 요원으로, 수학특성화중학교에서의 위장근무를 마치고 제로의 잔당을 잡기 위해 노력 중이다. 류건은 피피를 만든 사람이기도 하다.

시즌 2에 새롭게 등장하는 인물

무리수

아이돌 그룹 리미트의 멤버이다. 테러 위협에 시달리다가 캠프에 합류한다.

전시은

피타고라스와 수비학에 관심이 많다. 속을 알 수 없는 인물이다.

최성찬

최연소 캠프 참가자로, 노을을 동경한다.

차례

1장

아이들은 어디에

수상한 냄새가 나

건물 '동백'은 평범한 가정집의 모습을 하고 있었다. 쪼그린 자세로 거실의 수납장을 뒤지던 노을은 바닥에 털썩 주저앉았다.

"다리 아파."

서랍을 구석구석 뒤졌지만, 힌트는 나오지 않았다.

"대체 어디에 있는 거야. 나와라, 좀!"

노을은 포기하지 않고 다시 몸을 움직였다.

1등을 하겠다는 꿈과 직결된 일이었다. 무리수의 입도 막을 수 있고, 수능으로부터의 자유도 얻을 수 있었다. 그러니 포기할 수 없었다. 절대로.

"피피가 있으면 이런 고생은 안 할 텐데……."

낙서를 찾겠다며 눈에 지나치게 힘을 주었는지 눈물이 찔끔 나왔다. 어딘가에 있어야 할 메시지가 보이질 않으니 답답함은 커져만 갔다.

한참을 더 찾다가 지친 노을은 발랑 드러누웠다.

멍하니 천장을 응시하는데 벽에 매달린 시계에서 정각을 알리는 소리가 들렸다. '달칵' 소리가 나더니 시계 상단의 작은 창문이 열리고 뻐꾸기가 튀어나왔다.

뻐꾹. 뻐꾹.

노을의 눈이 동그랗게 변한 건 뻐꾸기가 다섯 번쯤 울었을 때였다.

자리에서 벌떡 일어난 노을은 뻐꾸기시계를 향해 달려갔다. 시계 앞에 선 노을은 왼손을 뻗어 뻐꾸기를 잡은 뒤 오른손을 다짜고짜 창문 안으로 밀어 넣었다. 노을의 왼손에 붙잡혀 미처 들어가지 못한 뻐꾸기가 달그락거렸다. 시계 안을 뒤적거리던 노을이 입꼬리를 올리며 씩 웃었다. 시계 안쪽에서 쪽지를 찾아낸 것이다.

"와, 여기다 숨겨 놨네."

꾸깃꾸깃한 쪽지를 꺼내서 펼치자 메시지가 나왔다.

당황스러울 때는 책을 봐. 마지막 힌트는 재스민에 있어.

"갑자기 무슨 책 타령이야."

쪽지를 노려보던 노을의 입에서 바람 빠지는 소리가 났다. 이번은 꽝이었다. 하지만 분명 마지막 힌트가 재스민에 있다고 했다. 그렇다면…….

"우승인가?"

우승이라니, 상상만 해도 행복했다. 머릿속이 꽃밭이 된 노을은 이상한 멜로디를 흥얼거리며 건물을 나섰다. 밖은 이미 깜깜해져 있었다.

'란희가 또 잔소리하겠네.'

노을은 괜히 귀를 후비적거리며 걸음을 빨리했다. 더 늦으면한 대 맞는 걸로는 끝나지 않을 수도 있었다. 마지막 장소를 찾는 일은 내일로 미뤄야 할 것 같았다.

타닥타닥 계단을 올라간 노을이 출입 카드를 찍자 문이 열렸다. 거실에 옹기종기 모여 앉아 있던 아이들의 시선이 일제히 노을에게로 쏠렸다.

"형!"

성찬이 양팔을 벌리며 뛰어와 노을을 꼭 끌어안았다. 반동 때문에 뒤로 넘어갈 뻔한 노을이 가까스로 균형을 잡았다.

성찬은 그 상태로 고개를 들어 노을을 올려다보았다. 그렁그렁한 눈을 보니 엄청난 잘못을 저지른 것 같다는 영문 모를 죄책감이 밀려왔다.

"왜, 왜, 왜 그래?"

"형, 어디 갔었어요."

성찬이 울먹이기 시작했다. 노을은 눈만 끔뻑였다. 주변을 둘러보니 모두가 계속해서 노을을 바라보고 있었다. 할 말이 많은 얼굴들이었다.

분위기를 파악하지 못한 노을이 가벼운 투로 물었다.

"왜 이렇게 격렬하게 반겨? 다들 날 기다렸어?"

"형도 사라진 줄 알았잖아요."

"사라져? 그냥 좀 돌아다녔는데, 걱정했어?"

성찬이 뭐라고 대답하기 전에, 소파에 앉아 있던 란희가 우렁차게 외쳤다.

"왜 이렇게 늦게 와! 너 때문에 수색대 만들 뻔했잖아!"

"별로 늦지도 않았는데?"

노을의 머리 위로 물음표가 열 개쯤 떠올랐다. 보물찾기에 열을 올리는 중이라 더 늦게 들어온 날도 많았다. 의아해하고 있는데, 소파에 앉아 있던 파랑이 핵심을 이야기해 주었다.

"D팀 전원이 사라졌거든. 그런데 너까지 안 보이니까 걱정했어."

"나야 원래 여기저기 많이 돌아다녔잖아. 근데, D팀? D팀이 사라졌어?"

울먹이는 성찬의 머리를 쓰다듬어 준 노을이 안으로 들어가 비비적대며 소파 앞에 앉았다. 그 옆에 성찬이 껌딱지처럼 붙어 앉으며 말했다.

"다들 D팀이 왜 사라졌는지 몰라서 얘기하고 있었어요."

노을은 불이 꺼져 있던 1층 창문을 떠올렸다.

"그러고 보니 1층에 불이 다 꺼져 있더라. 늦게까지 미션 중인
거 아니야?"

"짐도 없어."

파랑의 목소리가 꺼끌꺼끌하게 느껴졌다. 대수롭지 않게 생각
하던 노을은 파랑을 바라보았다. 파랑은 그 어느 때보다 심각한
얼굴이었다.

뒤늦게 분위기를 살펴보니 다른 팀원들도 마찬가지였다. 눈빛
에 걱정과 두려움이 가득했다. 노을은 스멀스멀 올라오는 부정
적인 생각을 뒤로한 채 말했다.

"설마 벌써 정답을 맞히고 나간 건 아니겠지?"

"그건 아닌 것 같아. 몇 분 사이에 갑자기 사라졌대."

"헐? 그럼 설마 탈락했나? 왜, 그 조항이 있잖아. 전원 탈락."

노을이 테이블 위에 놓여 있던 태블릿 PC를 켜고 규칙을 다시
확인해 보았다.

7. 팀원 중 한 명이 탈락하면 팀 전원이 탈락됩니다. 탈락한 인원은
    캠프가 끝날 때까지 별도의 공간에서 휴식을 취하게 됩니다.

역시 그런 규칙이 있었다.

"이거 봐."

"탈락했다고 해도 이렇게 감쪽같이 사라진다는 게 말이 돼? 가면 간다고 말이라도 하고 갔을 거 아니야. D팀 애들이랑 밥 먹기로 한 애도 있는데."

란희가 항변하듯 말했다. 노을은 눈동자를 굴리며 태블릿 PC를 테이블 위에 내려놓았다.

"그 애가 누군데?"

"추민서."

"으음."

노을은 민서의 주위를 맴돌던 D팀 남자아이들의 얼굴을 한 명 한 명 떠올렸다. 조금이라도 더 말을 걸려고 애쓰던 아이들이 말도 없이 사라졌다는 건 확실히 이상했다.

"이상하네. 수상한 냄새가 나."

노을마저 동조하자 아름은 소름 끼친다는 듯이 제 팔을 감싸 안으며 말했다.

"관리자가 보이지 않는 것도 이상한데, 애들까지 사라지니까 괜히 기분이 좀 그래. 빨리 문제 풀고 나가고 싶어."

"어? 그런데 무리수 형은 어디에 있어?"

노을이 물었다. 모두가 모여 있는데 무리수의 모습이 보이지 않았다. 란희가 연두색 방문을 응시하며 답했다.

"일찍 잠들었어."

노을이 팔을 들자 소매 밖으로 팔찌가 모습을 드러냈다.

"분명히 이 팔찌에 건강 상태를 알려 주는 뭔가가 붙어 있다고 하지 않았어? 무리수 형이 다쳤는데 왜 아무런 반응이 없어? 다 거짓말 아니야? 괜히 최첨단인 척 허세 떤 거지."

"그러니까! 관리한다더니, 이게 무슨 관리야. 진짜 허술해!"

란희가 맞장구치자 파랑이 입을 열었다.

"고통이 측정되지는 않을 테니까. 심박수나 체온, 위치 정도가 전달되지 않을까 싶은데."

"그것도 이상하잖아. 감시당하는 것 같고. 설마 D팀 애들 어딘가에 갇힌 거 아닐까? 문제를 풀지 못하면 이 캠프를 못 나간다거나……."

아무 말이나 뱉은 노을은 분위기가 싸해지는 걸 느끼며 머리를 긁적거렸다.

"아니, 그냥 불안해서 해 본 말이야. 영화 보면 그렇게 흘러가잖아."

어색하게 웃고 있는데, 가만히 앉아 있던 시은이 일어났다.

"노을이도 돌아왔으니까 먼저 들어갈게. 아침에 D팀이 왔는지 확인해 보자."

시은이 먼저 방으로 들어가자, 란희도 엉거주춤 일어나며 현관 쪽으로 움직였다.

"그래. 이대로 우리끼리 떠들어도 답은 안 나오겠다. 다 들어왔
으니까 모빌이나 달고 자자. 내일 미션도 해야지."

"그러자."

아름이 신발장 위에 올려놓았던 모빌을 집어 들었다. 딸랑거
리는 소리가 들리자 성찬이 관심을 보이며 다가갔다.

"그건 뭐예요?"

"'모빌'이라고 쓰고, '무기'라고 읽는 것?"

"네?"

"누가 밖에서 들어오면 소리가 나도록 만들었는데, 달아 놓으
니까 의외로 무기가 되더라고. 어두컴컴할 때 누군가가 갑자기
들어오면 머리를 박는 시스템이랄까?"

"아, 그렇겠네요."

성찬이 고개를 끄덕였다. 아름과 란희는 낑낑거리며 모빌을 매
달았다. 둘이 무사히 모빌을 매달자 파랑도 방으로 들어갔다.

"다들 잘 자."

"나도 들어가야겠다."

파랑을 따라 들어가려는 노을을 성찬이 붙잡았다.

"형, 우리는 수학 공부해요."

"어? 응. 그, 그래. 그럴까?"

노을이 어색하게 답하며 간절한 눈빛으로 란희와 아름을 응시
했다. 귀찮은 일이 일어날 것 같다는 예감이 든 란희와 아름이

잽싸게 방을 향해 움직였다.

"아이고오, 피곤하다. 우린 자야겠다. 수고."

"내일 봐."

거실에 남겨진 채 성찬을 떠맡게 된 노을은 망연자실했다.

그날 밤, 노을의 천재 코스프레는 새벽까지 계속되었다.

세 번째 암호 조각

란희는 뜬눈으로 밤을 지새웠다. 심란하기도 했지만, 그보다도 밤새 뒤척이던 시은과 아름 때문이었다. 잠자는 걸 포기하고 일어나니 새근새근 잠들어 있는 두 사람이 보였다.

두 사람이 깨어날세라 조심조심 외출 준비를 마친 란희는 방문을 열었다. 모빌은 어제 달아 놓은 모양 그대로 매달려 있었다. 소리가 나지도 않았고, 모양새가 흐트러지지도 않았다. 다행인지 불행인지 침입자의 흔적은 없었다.

'남은 일주일 동안 계속 이렇게 긴장하고 있어야 하는 건가?'

인공지능이 관리한다며 사람 한 명 보이지 않는 캠프도 이상하고, 무리수 주변에서 일어나는 일도 심상치 않았다. 갑자기 사라진 D팀 아이들도 걱정되었다.

'편하게 놀려고 왔는데 이게 뭐람.'

소파에 앉아서 멍하니 천장을 응시하자 손가락이 근질거렸다. 새삼스레 스마트폰이 그리웠다. 허공을 향해 손가락을 꼼지락거리고 있는데 연두색 방문이 열렸다. 밖으로 나온 사람은 무리수였다.

란희와 무리수의 눈이 마주쳤다.

"좋은 아침."

태연한 무리수의 목소리에 란희가 걱정스러운 얼굴로 물었다.

"발은 괜찮아요?"

"걱정해 준 거야? 괜찮아. 일찍 일어났나 보네."

씩 웃은 무리수가 란희의 옆에 앉았다.

"원래 부지런해서요."

빤히 란희를 보던 무리수가 말했다.

"일찍 일어난 게 아니라 못 잤구나? 다크서클이 얼굴을 잡아먹겠는데."

"그 정도예요?"

울상을 지은 란희가 제 눈매를 꾹꾹 매만졌다. 그 정도는 아니라는 답을 기대했지만, 무리수의 대답은 냉정했다.

"응, 그 정도야."

"쳇. 미션 마치고 돌아와서 낮잠 자죠, 뭐."

늘어지게 기지개를 켜는 란희의 모습을 바라보던 무리수가 입을 열었다.

"그냥 들어가서 더 자."

"시은 언니랑 아름이가 깰 것 같아서 나온 거예요. 둘 다 잠을 설쳤거든요."

모두가 잠을 설친 이유가 사라진 D팀 때문만은 아닐 것이라는 생각에 무리수는 어쩐지 죄책감이 들었다.

"나 때문에 다들 고생이네."

"그게 왜 오빠 때문이에요? 범인이 나쁜 놈이지."

"다들 불안해하는 것 같으니까."

"걱정하지 마요. 범인은 곧 잡힐 거예요."

"잡아 주려고?"

"아름이가 잡아 줄 걸요? 어제 오빠 피 보고 각성해서 코난에 빙의한 것 같았거든요."

"역시 팬밖에 없다니까."

무리수의 눈매가 휘어졌다. 초승달 같은 웃음이었다. 계속 보고 있으면 홀릴 것만 같달까.

"어떻게 그렇게 예쁘게 웃어요?"

"자본주의가 만든 미소지."

"네?"

"연습하는 거야. 거울 보고 하루에 한 시간씩. 처음에는 어색

24

한데 나중에는 자연스럽게 웃을 수 있어."

"역시 세상엔 쉬운 일이 없네요."

"그렇지."

둘은 한동안 말이 없었다. 현관 앞에 매달려 있는 모빌을 잠시 바라보던 무리수는 웃음을 갈무리하고 다시 란희를 돌아보았다. 란희는 눈을 감고 있었다.

'그새 잠든 모양이네.'

무리수도 느긋하게 소파에 기댔다. 어쩐지 마음이 편안해지는 것 같았다.

한 시간쯤 지났을까. 거실로 나온 노을이 나란히 기대어 잠든 무리수와 란희를 발견했다. 노을이 입을 헤 벌리고는 뒤를 돌아보았다. 곧 파랑이 나올 것이다.

"에, 에취. 에취. 엣취."

노을은 가능한 한 큰 소리로 재채기를 했다. 지어낸 거짓 재채기였지만, 란희와 무리수가 깨어나기에는 충분했다.

조용히 눈을 뜬 무리수가 중얼거리듯이 말했다.

"잠들었었나 보네."

"그러게요. 푹 잤어요."

늘어지게 하품을 하던 란희는 막 방에서 나온 파랑과 눈이 마주쳤다. 벌리고 있던 입을 슬쩍 다물자 파랑이 픽 웃으며 옆에 앉았다. 뒤이어 아름과 시은, 성찬도 방에서 나왔다.

모두 모이자 란희가 문을 열고 나섰다. 차례로 계단을 내려간 아이들은 누가 먼저라고 할 것도 없이 1층에서 멈춰 섰다.

눈앞에 D팀 숙소의 문이 있었다. 그 문을 바라보던 란희가 말했다.

"D팀, 돌아온 것 같아요?"

"모르겠어. 벨을 눌러 볼까?"

무리수가 벨을 누르려는데, 뒤에서 불쑥 튀어나온 노을이 문 손잡이를 돌렸다. 문이 부드럽게 열리며 텅 빈 실내의 모습이 눈에 들어왔다. 문은 잠겨 있지도 않았다.

무리수가 힘 빠진 목소리로 말했다.

"정말 아무도 없네."

밤새 누군가가 들어왔다가 나간 흔적은 보이지 않았다. 텅 빈 거실이 어쩐지 을씨년스럽게 느껴졌다.

"진짜 안 돌아왔나 봐요."

노을은 어쩐지 찝찝했다. 괜히 확인했다는 생각이 들었다. 문을 닫을 생각도 하지 않고 멍하니 있으니 란희가 팔을 잡아끌었다.

"기분 이상해. 가자."

"으응."

노을이 손을 놓자, 문은 힘없이 닫혔다.

기숙사를 막 나서려는데, 위층에서 말소리가 들렸다. 고개를 돌리자 계단을 내려오는 민서와 다른 아이 한 명이 보였다. 노을

일행을 발견한 둘의 걸음이 빨라졌다.

문 앞에 도착한 민서가 물었다.

"D팀 애들 돌아왔어요?"

"아니."

무리수의 대답에 민서는 눈에 띄게 실망한 얼굴을 했다.

"정말 탈락한 걸까요?"

"사라졌다고 생각하느니 그렇게 생각하는 게 나을 것 같은데……."

그게 아니라면 상황은 심각해진다. 아이들은 '납치'나 '음모'일 가능성에 대해서는 말하지 않았다. 그런 말을 입 밖으로 꺼내면 통제할 수 없는 상황이 돼 버릴 것만 같았다.

민서가 걱정된다는 듯이 말했다.

"안 보인다는 팀원은 돌아왔어요?"

"응, 여기."

무리수가 노을을 가리키며 답했다. 민서는 조금 안심한 얼굴로 손바닥을 마주쳤다.

"아, 다행이다. 걱정했거든요. 다들 밥은 먹었어요? 미션 전에 아침밥 먹으러 가는 길인데 같이 갈래요?"

"우리는 미션 하러 가는 길이야. 먼저 가서 기다리려고."

"그럼 다음에 같이 밥 먹어요. 이 친구가 오빠 팬이거든요."

민서가 옆에 있던 아이를 지목하자, 그 아이의 얼굴이 순식간에 붉게 달아올랐다.

"그래, 시간 되면 그러자."

무리수가 자본주의 미소로 답했다. 얼굴이 터지기 직전까지 달아오른 여자애가 웅얼거리는 목소리로 말했다.

"저, 저는 '김랑이'라고 해요."

"이름 예쁘네."

"고, 고맙습니다."

랑이는 수줍은 얼굴로 노을 일행에게서 멀어졌다. 민서도 손을 흔들고는 랑이를 따라갔다.

"우리도 가자."

무리수가 말하자, 모두가 미션 장소로 향했다.

"저기 말이야."

제일 뒤에서 따라 걷던 노을이 란희에게 속삭이듯이 말했다.

"뭐, 또."

"어제 나 보물찾기 하러 동백에 갔었잖아."

어젯밤 얘기가 나오자, 란희는 적립해 두었던 잔소리를 퍼붓기 시작했다.

"그래, 너 그거 찾으러 언제까지 다닐 거야? 언제 철들래? D팀 애들 사라진 것 못 봤어? 혹시 모르니까 혼자 다니지 마!"

란희의 큰 목소리에 앞서 걷던 일행의 시선이 모였다가 흩어졌다. 노을과 란희가 투덕거리는 모습이 더는 낯설지가 않았다.

노을이 귀를 후비적거리며 눈웃음을 지었다.

"그럼 같이 찾을래?"

"아직도 정신 못 차렸어?"

"마지막 힌트래."

노을이 속삭이자, 대수롭지 않게 듣던 란희가 멈칫했다.

"무리수 형도 그렇고 D팀 애들도 그렇고 불안불안하잖아. 빨리 풀고 나가는 게 낫지 않겠어?"

란희의 눈동자가 데굴데굴 굴러갔다. 언제 무슨 일이 터질지 모르는 불안한 날의 연속이었다. 이대로 불안해하고만 있는 건 란희의 성격에도 맞지 않았다.

"음……. 그, 그럼 살짝 가 볼까."

란희의 입에서 허락이 떨어지자, 노을은 만세를 불렀다.

"좋아! 또다시 모험이다!"

"아무튼, 너 혼자는 가지 마."

란희가 재차 노려보자, 노을이 양손으로 꽃받침을 만들며 "응"이라고 대꾸했다. 한 대 때릴까 고민하던 란희는 참기로 했다.

"이따가 파랑이랑 아름이한테도 말해 보자."

노을이 고개를 끄덕였다.

란희는 차라리 잘됐다는 생각이 들었다. 답답해서 뭐라도 하는 게 더 나을 것 같았다.

노을과 아옹다옹하며 걷다 보니 어느새 신전처럼 생긴 건물 앞에 도착해 있었다.

줄지어 안으로 들어간 아이들은 조금씩 떨어져 자리를 잡았다. 바닥에 새겨진 무늬를 각자 눈에 담아 두는 동안 노을은 히파수스 동상을 가만히 올려다보았다.

'올라가면 미션이 끝나려나? 아니야, 연계 미션이 있을지도 몰라.'

역시 무리수를 올려 보내는 게 좋을 것 같았다. 고개를 돌린 노을이 슬쩍 운을 뗐다.

"발을 다친 무리수 형이 올라가는 게 낫지 않을까요?"

"괜찮아. 좀 쉬었더니 걷는 데는 지장 없어. 괜히 올라갔다가 많이 움직여야 하는 연계 미션이라도 나오면 곤란하잖아."

무리수가 능글능글하게 웃으며 대꾸하자 성찬이 거들었다.

"맞아요. 노을이 형! 형이 빨리 올라가요."

노을이 파랑을 향해 구원의 눈빛을 보내려는데, 무리수가 보채듯이 말했다.

"그래, 시작하자. 어서 올라가."

"네……."

노을이 어깨를 늘어뜨린 채 사각 타일 위에 섰다.

'앞으로는 진짜 사고 치지 말아야지.'

태블릿 PC를 꺼내 보니 9시 정각이 되기 10초 전이었다. 화면을 보고 있던 노을은 표시된 숫자가 09:00으로 바뀌자마자 바로 미션 수행 아이콘을 클릭했다.

어제와 같은 메시지가 떠올랐다.

높은 곳에서 모두를 내려다보는 히파수스를 만나러 올라가세요.

문제가 어제와 같아 풀기는 어렵지 않았다. 노을이 올라선 기둥은 계속해서 위로 올라갔다. 마지막 문제까지 풀자 히파수스의 얼굴이 보이는 위치에 다다랐다.

"우와, 높다."

손잡이가 있기는 했지만, 그래도 다리가 덜덜 떨렸다. 기둥의 움직임이 멈추자, 태블릿 PC 화면에 새로운 창이 떠올랐다.

세 번째 암호 조각을 입력하세요.

노을이 당황하기에 충분한 내용이었다.

'나한테 물어본 거야? 올라오면 알려 주는 게 아니고?'

당황한 노을이 허둥대며 소리쳤다.

"여긴 아무것도 없어! 그런데 암호 조각을 입력하래! 우리가 뭔가 놓친 게 있는 것 같아."

"잘 봐! 뭔가 있을 거야."

란희가 아래에서 소리치자, 노을은 더욱 초조해졌다.

'망했어. 난 망한 것 같아.'

올라와서 무언가를 해야 하는 줄 알았다면 어떻게 해서든 파랑을 올려 보냈을 것이다. 순간, 발을 동동 구르던 노을의 머릿속에 쪽지에 적혀 있던 내용이 떠올랐다.

'당황스러울 때는…….'

책을 보라고 했다. 노을의 눈에 히파수스가 들고 있는 책에 적힌 내용이 들어왔다.

"문제다!"

책보다 높은 위치로 올라가야만 확인할 수 있는 문제였다. 노을은 고개를 쑥 빼고 책에 적힌 글귀를 읽었다.

> 피타고라스가 믿고 있는 진리는 잘못되었다.
> 제곱하여 2가 되는 수는 정수나 정수의 비로 나타낼 수 없다.
> 이 수는 정수 n과 $n+1$ 사이의 값을 갖는 무한소수로,
> 소수점 아래로 어떤 규칙도 없이 끝없이 이어진다.
> 정수 n의 값은 무엇인가?

기억이 가물가물했지만, 파랑이 만들어 준 노트에 있던 내용이었다. 제곱해서 2가 되는 수는 무리수 $\sqrt{2}$였다. 파랑은 $\sqrt{2}$의

값을 1.414까지는 외우라고 했었다. 그러니까 $\sqrt{2}$는 정수 1과 2 사이의 값을 갖는 것이다.

'정답이 1인가?'

조심스럽게 '1'을 입력하자 화면에 '정답입니다'라는 메시지가 떠올랐다.

> 세 번째 암호 조각은 1입니다.

"좋아!"

기쁜 나머지 주먹을 불끈 쥔 노을은 하마터면 균형을 잃고 떨어질 뻔했다. 란희가 걱정스레 물었다.

"왜 그래?"

"맞혔어!"

노을이 엄지손가락을 들어 보임과 동시에 기둥이 서서히 바닥으로 내려왔다. 성찬이 두 눈을 반짝이며 바짝 다가갔다.

"풀었어요?"

"히파수스가 들고 있는 책에 문제가 있었어. 생각보다 간단한 문제더라고."

"오오, 역시 노을이 형이에요."

"세 번째 암호 조각은 1이래!"

"1이요? 지금까지 나온 조각이 3, 6, 1인데 뭘 의미하는 걸까요?"

성찬이 궁금해하며 노을을 빤히 올려다보았다. 노을이라면 알아낼 수 있으리라는 믿음이 담겨 있는 눈빛이었다.

"어… 조금 더 풀다 보면 알 수 있겠지?"

"역시 그렇겠죠? 풀지 못하는 문제는 없으니까요. 역시 형은 대단해요."

노을은 어색하게 웃으며 다시 태블릿 PC 화면을 터치했다. 평소라면 다음 날 미션을 시작할 수 있다는 말만 나왔을 텐데, 의외의 메시지가 떠올랐다.

> 다음 미션은 '에델바이스'에서 시작됩니다. 다음 미션일 9시까지 '에델바이스'로 오세요.

"이번에는 장소를 미리 알려 주네. 내일 아침 일찍 가 있자."

노을의 말에 란희가 어깨를 툭 쳤다.

"날짜 감각이 사라졌구나. 내일 일요일이잖아."

"아, 그렇지. 그럼 내일은 미션 못 하네. 문제라도 미리 알 수 있으면 좋을 텐데."

노을은 아쉬움에 입맛을 다셨다. 벌써 두 번이나 미션을 실패해서 이틀이나 지연된 상태였다. 어쩐지 1등이 물 건너가는 소리가 귓가에 들리는 듯했다.

일기를 씁니다

란희는 일기를 쓰기로 했다. SNS를 하지 못해서 오는 금단 현상을 떨치기 위해서였다. 하지만 '오늘 날씨 맑음'까지 적고 나자 쓸 말이 없었다. SNS에 올릴 때는 사진을 기반으로 쓰면 되는데, 하얀 종이만 있으니 무언가 막막했다.

란희는 노트를 노려보며 펜을 돌렸다. 빙글빙글 사정없이 돌려 봐도 딱히 쓸 내용이 떠오르지 않았다.

"나 오늘 뭐 했지?"

뜬금없는 질문에 옆에서 리미트 멤버 유리수의 얼굴을 그리고 있던 아름이 고개를 들었다.

"오전에는 미션 진행했고, 오후에는 노을이랑 싸웠잖아. 평소와 같았다는 뜻이지.”

란희가 숨을 길게 내쉬었다.

“…너 확실히 흑화했어. 그렇지?”

다정하고 얌전한 친구였는데, 무리수가 발을 다친 이후로 뾰족뾰족한 고슴도치가 되어 버린 것 같았다.

“흑화 안 하게 생겼어? 누군지 잡히면 가만두지 않을 거야. 태어난 걸 후회하도록 만들어 주지!”

무슨 상상을 하는지 음흉하게 웃는 아름을 보니 괜히 몸서리가 쳐졌다.

‘일기나 쓰자.’

란희는 다시 하얀 종이를 바라봤다. 무슨 내용을 써야 할지 고민하다가 정신을 차려 보니 파랑의 이름을 반복해서 끄적이고 있었다.

‘파랑, 파랑이, 파랑, 파랑……’

란희가 다시 고개를 돌리며 떠보듯이 물었다.

“파랑이 좀 이상하지 않아?”

“사춘기인가 보지.”

성의 없는 대답이 돌아왔다. 아름은 유리수의 눈썹을 한 올한 올 그리는 데 집중하고 있었다.

“음, 있잖아. 내 친구의 친구의 친구 얘기인데 말이야. 그 애가 고백을 했는데, 상대가 웃었어. 평소에 잘 웃는 애가 아닌데 웃었단 말이야. 그럼 긍정적인 거겠지?"

아름이 깜짝 놀라 눈을 크게 떴다. 눈썹을 그리던 펜도 집어 던졌다.

"너 파랑이한테 고백했어?"

"아니야, 나 아니야. 친구의 친구의 친구 이야기라니까."

란희가 극구 부정했지만, 아름은 오히려 확신에 찬 눈빛이 되었다.

"그래! 그래서 요즘 분위기가 어색했던 거였어. 이상하게 파랑이가 너랑 좀 거리를 두는 것 같았거든. 파랑이가 뭐래? 웃고 말았어?"

"아니라고! 나 아니라고 했잖아."

"진짜 아니야?"

"응."

아름은 저만치 굴러간 펜을 다시 집어 들었다.

"난 또 네 얘기라고. 고백했는데 웃었단 말이지. 어떤 웃음인지에 따라 다르지 않을까? 기뻐서 웃었을 수도 있고, 영업용 미소일 수도 있고, 예의상 웃은 걸 수도 있고, 비웃음일 수도 있고. 아, 마지막 거면 슬플 것 같다."

확실히 아름이는 흑화했다. 냉정한 친구에게서 시선을 돌린 란희는 다시 일기 쓰기에 몰두했다.

한 쪽을 겨우 다 채웠을 때였다. 이상하게 따끔거리는 시선이 느껴져서 무심코 고개를 돌려 보니 아름이 보고 있었다.

"왜?"

"아니야, 계속 써."

"보지 마. 일기란 말이야."

"안 봐."

란희가 다시 펜을 돌리기 시작할 때였다. 또 시선이 느껴졌다. 란희는 슬쩍 눈동자만 움직여 시선의 정체를 파악해 보았다. 이번에도 시선의 주인은 아름이었다. 두 눈에 호기심이 가득했다.

란희는 노트를 들고 거실로 나갔다. 거실 소파에 자리를 잡고 앉아 책을 읽고 있던 무리수가 고개를 들었다.

"안 잤어?"

"우리 방은 아직 아무도 안 자요. 성찬이는 자요?"

"응, 자길래 나왔지."

"의외로 배려 넘치는 스타일?"

"의외는 빼 줬으면 좋겠는데."

란희는 키득거리며 거실 바닥에 엎드린 채 쓰던 일기장을 펼쳤다. 동글동글한 글씨가 보이자 무리수가 관심을 보였다.

"일기 써?"

"네. 이런 거라도 안 하면 시간이 흐르고 있다는 것조차 모르겠어요. 완벽하게 세상과 격리된 느낌이에요."

"가끔은 나쁘지 않은 것 같은데. 오랜만의 휴식이기도 하니까."

"휴식하려고 온 거 아니에요. 현실에서 도피한 거지."

"현실 도피?"

"노을이가 있는 집 자식이잖아요. 테러다 뭐다 해서 밖에 못 나갔거든요. 덩달아 나까지 집에 갇혀 있었어요. 캠프도 겨우 온 거예요. 근데 이렇게 파란만장할 줄 알았으면……."

"안 왔겠지."

"아뇨. 그래도 왔을 것 같긴 해요. 집에만 있는 것보다는 낫잖아요. 스마트폰이 있으면 완벽했을 텐데……."

란희가 아쉽다는 듯이 입맛을 쩝쩝 다셨다. 곰곰이 생각하던 무리수도 결론을 내렸다.

"나도 숙소에 처박혀 있는 것보다는 나은 것 같아."

"발이 너덜너덜해졌는데도요?"

"너랑 있으면 재미있거든."

무리수가 나긋하게 말하자, 란희의 얼굴이 붉게 물들었다.

"나 방금 입덕할 뻔했어요."

"아쉽네. 좀 더 노력할게."

무리수의 눈가에 즐거움이 가득했다.

괜히 새침한 표정을 지어 보인 란희는 시선을 돌려 다시 일기에 집중했다. 다음 쪽은 무리수에 대한 내용으로 채우기 시작했다. 쓰다 보니 아무래도 무리수가 볼까 신경 쓰였다. 란희는 한쪽 팔을 베고 엎드려 노트를 제 몸으로 가렸다. 그런 뒤 아름이 조만간 범인을 잡아서 거꾸로 매달아 놓을 것 같다는 내용을 적어 내려가기 시작했다. 쓸 만큼 쓴 것 같은데도 아직 반 쪽이 남아 있었다.

'하루에 두 쪽씩 쓰겠다고 결심했는데……'

일기 두 쪽을 쓰는 일이 참 쉽지 않았다.

'그냥 하루에 한 쪽만 쓸걸. 이럴 줄 알았으면 글씨를 조금 더 크게 쓸 걸 그랬어.'

고민 중인 란희의 뒤통수를 구경하던 무리수는 다시 책으로 시선을 돌렸다. 그 역시 테러 때문에 캠프에 오게 되었지만 나쁘지 않았다. 확실히 오랜만의 여유였다. 잠까지 줄여 가며 쉴 틈 없이 일정을 소화하던 지난날이 꿈만 같았다.

저질스러운 장난이 따라다니긴 했지만, 캠프 생활은 제법 괜찮았다.

남은 시간이 일주일이라는 게 아쉬울 정도로.

책의 페이지를 넘기려는데 새근새근 고른 숨소리가 들렸다. 고개를 들어 보니 노트가 보일세라 몸으로 빈틈을 틀어막고 잠든 란희의 모습이 보였다.

'머리만 대면 자는 스타일인가 보네.'

무리수는 저도 모르게 란희를 탐구하고 있었다. 입술을 오물거리는 걸 보니 무슨 꿈이라도 꾸는 모양이었다.

'꿈에서도 노을이랑 싸우는 걸까.'

바닥에 엎드린 자세로 잠이 든 것도 신기한데, 꿈까지 꾸다니 정말 대단했다. 어찌나 잘 자는지 고요한 거실이 란희의 숨소리로 가득 찼다.

곤히 자는 것 같더니 갑자기 어깨를 부르르 떨었다.

'추운 건가?'

무리수는 소파 위에 아무렇게나 걸쳐 두었던 망토를 란희의 어깨 위에 올려 주었다. 그때 파랑이 방문을 열고 나왔다.

파랑은 아무렇지도 않은 척 가볍게 고개를 숙여 인사하고는 주방 쪽으로 발걸음을 돌렸다.

하지만 무리수는 무심해 보이던 파랑의 눈빛이 변하는 걸 놓치지 않았다. 파랑은 아무렇지도 않은 듯 정수기 앞에서 물을 마셨지만, 눈동자로는 계속해서 란희와 무리수를 살피고 있었다. 안 그런 척하며 신경 쓰는 모습이라 오히려 더 시선이 갔다.

'둘 다 왜 이렇게 귀여워.'

무리수가 옅은 미소를 지었을 때였다. 물을 다 마신 파랑이 일회용 종이컵을 구겨 버리고 란희의 앞으로 걸어왔다.

"들어가서 자."

어깨를 흔드는 손길에 란희가 숨을 들이쉬며 깨어났다.

"어? 나 잤어?"

"응."

"아, 고마워. 입 돌아갈 뻔했다."

란희는 주섬주섬 일어나다가 일기장이 펼쳐져 있는 것을 발견하고는 번개보다 빠른 속도로 일기장 위에 철퍼덕 엎드렸다.

"너! 너! 너! 봤어?"

"뭘?"

"일기."

"안 봤어. 들어갈게. 잘 자. 형도 잘 자요."

파랑은 별일 없다는 듯이 다시 방으로 들어갔다.

하지만 무리수는 또 한 가지를 알아차렸다. 똑같은 인사였지만, 란희를 향한 "잘 자"와 무리수를 향한 "잘 자요"에는 온도 차가 있었다.

'갯벌이랑 일방통행이 아니라, 쌍방 통행이었네.'

무리수는 재미있다는 듯이 픽 웃었다.

마지막으로 마주친 파랑의 눈에는 명백한 적의가 묻어 있었다. 그것도 연적을 향한 적의였다. 잘 숨겼다고 생각했겠지만, 연예계에서 데굴데굴 굴러온 무리수의 촉을 피할 수는 없었다.

"정말 재미있단 말이야."

"뭐가요?"

일기장을 덮으며 일어난 란희가 물었다.

"너."

"웃기다는 말 많이 들어요."

대수롭지 않게 말한 란희가 뒤늦게 어깨에서 흘러내리는 망토를 발견했다.

"파랑이 건가?"

"내 거야."

무리수가 손을 내밀자, 란희가 당황했다.

"어, 그, 저, 침 묻었을 수도 있는데."

"괜찮아."

이리저리 망토를 돌려 보는 란희의 모습에 무리수는 웃음을
터뜨리고 말았다.

피의 일요일

"으아아아아아아악!"

일요일 아침은 성찬의 우렁찬 비명으로 시작되었다.

모처럼 늦잠을 즐기고 있던 무리수가 눈을 번쩍 떴다. 무리수의 눈과 성찬의 눈이 마주치자 비명은 더욱 커졌다.

"으아아!"

"왜, 왜 그래?"

당황한 무리수가 물었지만, 성찬의 비명은 잦아들지 않았다.

"으아아아아아아!"

끝나지 않는 성찬의 비명을 듣고 노을과 파랑이 달려와 방문을 열었다.

"무슨 일이야?"

안으로 먼저 들어온 노을이 흠칫 놀라며 동작을 멈췄다.

"히, 히익!"

노을은 못 볼 것을 봤다는 듯한 얼굴을 하고 뒤따라온 파랑의 팔을 붙잡았다. 파랑의 미간도 미미하게 찌푸려졌다.

유일하게 상황을 파악하지 못한 사람은 무리수뿐이었다.

"왜, 왜 그래?"

노을이 손가락으로 무리수를 지목했다.

"혀, 혀, 형."

말을 제대로 잇지 못하자, 무리수의 의문은 더 커졌다.

"나?"

소리를 듣고 뒤늦게 달려온 란희와 아름, 시은도 방 안으로 들어왔다. 란희도 노을처럼 숨을 들이쉬며 물러섰다.

"으아아, 저게 뭐야?"

아름만이 성큼성큼 걸어가 무리수의 손을 붙잡아 끌었다. 평소에는 눈도 못 마주치더니 실로 용감한 행동이었다.

얼떨결에 끌려간 무리수는 아이들의 시선이 닿은 곳을 향해 뒤를 돌아보았다. 베개 옆에 죽은 쥐가 놓여 있었다. 디즈니 캐릭터를 닮은 작고 귀여운 생쥐가 아니라 커다란 들쥐였다.

"쥐?"

아름에게 끌려가던 무리수가 걸음을 멈추고 상황 파악에 나섰다.

"저, 저게 언제부터 있었던 거지?"

노을의 뒤에 숨어 있던 성찬이 울먹거리며 말했다.

"일어났는데, 보였어요."

성찬의 말대로라면 죽은 쥐와 함께 잔 셈이었다. 무리수는 머릿속이 하얗게 탈색되는 기분이었다.

"일단 씻어요."

아름의 말에 무리수가 말 잘 듣는 아이처럼 고개를 끄덕였다.

"그래. 나, 일단 좀 씻을게."

무리수가 당황하며 욕실로 들어가자 아름이 거실에 놓인 태블릿 PC를 집어 들었다. 아름의 손이 빠르게 물방울 아이콘을 눌렀다.

문제를 푸는 아름의 얼굴이 그 어느 때보다 비장했다. 흑화의 오라가 온몸에서 발산되는 느낌이었다. 아름은 파랑의 도움을 받지 않고 문제를 풀어냈다.

"풀었다."

정답임을 알리는 창이 떠오르자 아름은 안심했다. 하지만 이걸로 끝이 아니었다. 범인을 찾아야 했다.

싸늘한 시선으로 주위를 살피던 시은이 말했다.

"밤새 누군가가 들어왔다는 거겠지?"

그 말에 아이들이 모두 주변을 둘러보았다. 아름은 가장 먼저 현관문 앞에 매달린 모빌을 확인했다.

"모빌은 그대로예요. 소리도 안 들렸고, 모양도 흐트러지지 않은 걸 보면 현관문으로 들어온 건 아니에요."

말을 마친 아름은 수납장을 하나씩 열어 보기 시작했다.

"문이 아닌 출입구가 또 있나 봐요. 비밀 통로라든지요."

"설마 그런 게……."

없을 거라고 말하려던 란희는 확신할 수가 없었다.

"…있을 수도 있으려나?"

노을도 기숙사 구석구석을 둘러보며 말했다.

"이곳 캠프장 자체가 수상하잖아. 비밀 통로가 있다 해도 이상하지 않지. 우리 눈에 띄지 않게 관리자만 돌아다니는 통로가 있을 수도 있어."

아이들은 어느 때보다도 심각해졌다. 특히 흑화의 단계가 업그레이드된 아름은 차마 누구도 다가가기 힘든 얼굴을 하고 있었다. 아름은 팀원 중에 범인이 있을 수도 있겠다는 생각을 하기에 이른 상태였다. 무리수의 자작극일 리는 없으니, 남은 후보는 시은과 성찬이었다.

첫날, 시은이 새벽에 들어왔던 걸 떠올리고 나니 조금 더 찜찜해졌다.

'아니겠지.'

아름은 괜히 의심하지 말자며 도리질했다. 그때, 성찬이 손가락으로 무리수의 침대 언저리를 가리키며 말했다.

"저거, 치워야 하지 않을까요?"

성찬이 지목한 것은 정확하게는 '쥐'였다. 그것도 죽은 쥐.

"치, 치워야지."

란희가 더듬더듬 말했다. 하지만 치우려면 손을 대야 했다. 아무도 선뜻 움직이지 못하고 망설이는 가운데 시은이 나섰다.

수건을 들고 온 시은은 죽은 쥐를 감싸 들었다. 그대로 아이들을 돌아보자 모두가 슬금슬금 뒷걸음질을 쳤다.

"이제, 어쩌지?"

시은이 눈살을 찌푸리며 묻자, 노을이 말했다.

"…묻어 줄까요?"

"그래, 그러자."

시은이 현관으로 나가 신발을 신자, 나머지 아이들은 서로 눈치를 살폈다.

"팀장이잖아."

란희가 말하자 모두의 시선이 노을에게로 쏠렸다. 팀원들의 시선에 등 떠밀린 노을은 시은을 따라 움직였다.

두 사람이 밖으로 나간 다음에도 아이들은 한동안 멍하니 서 있었다. 이번에도 먼저 정신을 차린 아이는 아름이었다. 제 볼을 양손으로 짝 때린 아름은 무리수의 침대로 다가가 힘차게 시트를 벗겼다.

"이대로 다시 잘 수는 없으니까."

아름이 제 행동에 이유를 부여하며 벗겨 낸 시트를 둘둘 말아 들었다. 옆에서 지켜보던 란희가 말했다.

"시트를 갈아도 그 침대에서는 못 잘 것 같은데."

"…그건 그렇지."

"나도 못 잘 것 같아요. 트라우마 생길 것 같아요."

성찬이 넋 나간 사람처럼 중얼거렸다. 파랑이 성찬에게 말했다.

"오늘부터는 우리 방에서 같이 자자. 남는 침대가 있으니까."

"그래도 돼요?"

"응, 일단 그렇게 하자."

파랑이 파리해진 성찬을 진정시키며 옆방으로 데리고 들어갔다. 남은 건 아름과 란희뿐이었다. 아름은 주섬주섬 침대를 정리하기 시작했다.

"어? 이게 뭐지?"

무언가를 발견한 아름이 미간을 찌푸렸다.

시트를 벗겨 낸 침대 매트리스 옆에 쪽지가 끼워져 있었다. 쪽지를 집어서 펼쳐 보니 숫자가 쓰여 있었다.

"26?"

숫자를 확인한 아름은 쪽지를 사정없이 구겼다.

2장

피타고라스 대잔치

어둠 속에서

캠프가 둘째 주에 들어서면서 아침 식사 때도 특별 메뉴가 등
장했다. 바로 버터와 딸기잼이었다. 하지만 새 메뉴 역시 문제를
풀어야만 획득할 수 있었다.

"더럽고 치사해. 먹는 거 가지고."

란희는 투덜거리며 슬쩍 파랑을 보았다. 평소라면 등 뒤에 있
다가 문제를 풀어 줬을 것이다. 하지만 오늘은 이미 노을과 함께
자리에 앉아 있었다.

괜히 입술을 삐죽거린 란희는 문제를 노려보았다. 아름도 옆에
서 같이 문제를 노려보았다.

천사 찾기

문제) 남자, 여자, 노인이 한자리에 모여 있습니다. 이들 중 둘은 사실 천사와 악마입니다. 천사는 언제나 참말만 하고 악마는 언제나 거짓말만 합니다. 인간은 참말과 거짓말을 모두 할 수 있습니다. 이 세 명이 다음과 같이 말하였다고 할 때, 천사는 누구일까요?

"남자가 천사라면 참말을 해야 하는데 '천사가 아니다'라고 했으니까 거짓말을 한 거야. 그럼 악마인가?"

란희가 말했다.

"아니야. 악마면 거짓말을 해야 하는데 '천사가 아니다'라고 참말을 했으니까 악마도 아니야. 그럼, 인간이네."

남자의 정체를 알고 나니 다음은 간단했다.

"여자가 천사라면 '악마가 아니다'라고 말했으니까 참말을 한 거야. 그럼 노인이 악마인데, 이러면 악마가 '인간이 아니다'라고 참말을 한 셈이니까 이것도 아니야."

"남은 건 그럼 여자가 악마이고 노인이 천사인 경우인가?"

"맞아. 그럼 악마가 '나는 악마가 아니다'라고 거짓말을 했고, 천사가 '인간이 아니다'라고 참말을 한 거잖아. 이러면 말이 돼."

노인을 천사로 선택하자, 버터와 딸기잼이 나왔다. 란희와 아름은 식판 위에 버터와 딸기잼을 올려놓고 자리로 향했다.

노을의 옆에 앉은 란희가 크루아상에 버터와 딸기잼을 듬뿍 바르며 불만을 토로했다.

"왜 항상 아침은 빵일까?"

"그냥 먹자. 먹다 보니까 적응되는 것 같아."

노을이 빵을 우물거리며 대답했다. 야채수프, 샐러드까지 곁들이자 그럴싸해 보이기는 했다. 크루아상을 한 입 베어 문 란희가 말했다.

나는 인간이 아니다.

나는 천사가 아니다.

나는 악마가 아니다.

조건

① 천사는 언제나 참말을 함.

② 악마는 언제나 거짓말을 함.

③ 인간은 참말과 거짓말을 모두 할 수 있음.

1) 남자

① 남자가 천사라면 거짓말을 하고 있는 것이므로 모순.

② 남자가 악마라면 참말을 하고 있는 것이므로 모순.

③ 인간은 참말과 거짓말을 모두 할 수 있는데,

남자가 인간이라면 참말을 하고 있는 것이므로 성립.

즉, 남자는 인간이므로 여자와 노인은 각각 천사이거나 악마.

2) 여자와 노인

① 여자가 천사이고 노인이 악마라면 악마가 참말을 하고 있는

것이므로 모순.

② 여자가 악마이고 노인이 천사라면 악마는 거짓말을,

천사는 참말을 하고 있는 것이므로 성립.

따라서 남자는 인간, 여자는 악마, 노인은 천사.

"과자 먹고 싶어. 초콜릿도 먹고 싶다. 당이 부족해."

"나가면서 아이스크림 들고 가자."

아름의 말에 란희가 고개를 주억거렸다.

"그래. 아이스크림으로라도 당을 보충해야겠어."

란희는 입을 오물거리며 흘깃 파랑을 보았다. 파랑은 무심한 얼굴로 샐러드를 먹고 있었다. 시선을 느꼈을 법한데 고개 한번 돌리지 않고 있었다. 어쩐지 점점 더 거리감이 느껴지는 것 같았다.

식사를 마치고 건물 밖으로 나오자 싸늘한 공기가 아이들을 기다리고 있었다. 몸이 저절로 움츠러들었다.

"으으으, 추워."

란희가 미션 장소인 에델바이스를 향해 걷기 시작하자, 다른 아이들도 뒤를 따랐다. 에델바이스는 체육관이었다. 농구 골대가 있고, 관중석과 조명 장치, 전광판까지 갖춰져 있었다. 노을이 전광판을 올려다보았다.

"농구라도 하라는 건가?"

주변을 둘러보던 성찬이 대답했다.

"이 분위기는 농구가 맞는 것 같은데요."

노을이 어디선가 찾아 온 농구공을 탕탕 튀겼다. 오랜만에 공을 잡아 신이 난 모습이었지만, 무리수는 미간을 찌푸렸다. 농구를 하며 뛰어다니기에는 아직 발이 불편했다.

농구공을 탕탕 튀기며 장난치던 노을은 시간이 되자 아이들 곁으로 다가왔다.

"미션 끝나면 오랜만에 농구나 할까?"

파랑에게 물었을 때였다. 태블릿 PC에 메시지가 떠올랐다.

어둠 속에서 위대한 진리를 밝힌 유클리드의 발자취를 쫓으세요.

"어, 음……."

노을이 짧게 신음했다. 어깨너머로 화면을 들여다보던 란희가 인상을 썼다.

"돌겠네. 이건 또 뭐야. 문제는 이게 끝인 거지?"

태블릿 PC의 화면을 꾹꾹 눌러 봤지만 다른 메시지는 떠오르지 않았다.

"유클리드가 누구지?"

란희의 중얼거림을 들은 시은이 입을 열었다.

"기하학의 아버지야. 『유클리드의 원론』을 쓴 사람이기도 하고. 우리 소집일 때 나왔던 문제 기억해? 피타고라스의 제자 문제. 그 문제가 원론의 내용을 발췌한 거야."

란희는 처음 들어 본다는 듯이 눈을 깜박였다. 문제 역시 기억 속에서 지워진 지 오래였다. 란희가 모르는 눈치이자 무리수가 설명을 덧붙였다.

"『유클리드의 원론』은 기하학과 정수론을 열세 권으로 집대성한 책이야. 20세기까지 기하학의 기본 교재로 사용됐어. 아마 성경 다음으로 사람들이 많이 읽은 고전일 거야."

"엄청 지루하겠네요."

그런 책이라면 표지를 보자마자 잠이 솔솔 올 것 같았다. 심지어 열세 권이라니. 고개를 절레절레 흔드는데 노을이 주변을 둘러보며 말을 이었다.

"여기서 대체 뭘 하라는 거지?"

다들 두리번거리기만 하자 시은이 입을 열었다.

"원론 1권에는 '피타고라스 정리'의 최초 증명법이 기록되어 있어. 노을이의 방법이 가장 최신 증명법이라면, 원론에 기재된 증명법은 원조인 셈이야."

모두의 시선이 노을에게로 향했다.

시은과 성찬은 존경에 가까운 눈빛을 보내고 있었다. 반면 란희, 아름, 파랑의 눈빛에는 걱정과 질책이 담겨 있었다. 모두의 시선을 피해 고개를 돌린 곳에는 무리수가 있었다.

무리수는 알 수 없는 얼굴로 노을을 바라보고 있었다. 진실을 아는 무리수에게는 가소롭게 보일 게 뻔했다.

'창피해.'

노을의 얼굴이 붉게 달아올랐다.

"그, 그렇게 대단한 건 아니에요."

"아니야. 대단한 거야."

시은의 칭찬은 노을을 더욱 주눅 들게 했다. 민망한 노을은 손가락을 꼼지락거렸다. 역시 사람은 거짓말을 하면 안 된다.

시은이 다시 말을 이었다.

"이번 미션도 피타고라스와 연관된 것 같아. 이 캠프 자체가 피타고라스의 증명을 위해 만들어진 것 같다는 느낌이 들기도 하고. 애초에 이름도 피타고라스 수학 캠프잖아."

파랑은 문제를 다시 읽었다. 가장 걸리는 부분은 '어둠 속에서'라는 구절이었다.

"'어둠 속에서'라는 건 뭘 의미하는 걸까요?"

이번에도 시은이 나섰다.

"어둠이란 아마 유클리드의 증명법이 알려지기 전까지의 '학문적 무지의 시간'을 의미할 거야. 위대한 진리는 '피타고라스 정리'일 테고. 하지만 어떻게 발자취를 쫓으라는 건지는 모르겠어."

곰곰이 생각하던 란희가 물었다.

"그러면 유클리드가 처음으로 피타고라스 정리를 증명한 방법이 뭔데요? 체육관이랑 관련이 있나요? 아니면 농구랑?"

파랑이 답했다.

"딱히 관련성은 생각나지 않는데. 유클리드의 피타고라스 정리 증명은 직각삼각형 하나와 그 바깥쪽에 있는 세 개의 정사각형을 활용하는 증명법이거든. 도형의 넓이를 이용하는 증명이야."

파랑의 설명을 들은 란희가 주변을 둘러보았다.

"잘은 모르겠지만, 직각삼각형과 그 바깥에 있는 세 개의 정사각형이라는 거잖아. 일단 찾아보자."

란희가 움직이자 나머지 아이들도 체육관을 뒤지기 시작했다. 하지만 구석구석을 뒤져 봐도 유클리드와 관련된 것은 보이지 않았다.

"잠깐만 모여 봐요."

노을의 부름에 흩어져 있던 아이들이 하나둘씩 모였다.

농구대 앞에 옹기종기 모여 앉은 아이들은 모두 지친 상태였다. 1등에 눈이 멀어서 정신없이 찾다 보니 벌써 점심때였다.

"뭔가 찾아낸 사람 있어요?"

아이들은 저마다 고개를 저었다.

"우리 뭔가 잘못 생각하고 있는지도 모르겠어요. 미션 내용을 다르게 해석해 보는 게 좋을 것 같아요."

노을이 팀장다운 모습으로 의견을 냈다. 태블릿 PC를 들고 있던 란희가 다시 문제를 읽었다.

"어둠 속에서 위대한 진리를 밝힌 유클리드의 발자취를 쫓으세요."

아이들은 저마다 머리를 굴렸다. 조용한 가운데 노을이 슬쩍 손을 들어 올렸다.

"혹시……."

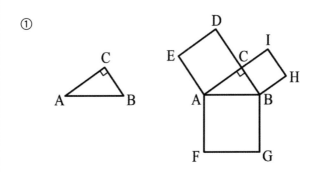

①

직각삼각형 ABC의 세 변을 각각 한 변으로 하는 정사각형 ACDE, BHIC, AFGB를 만든다.

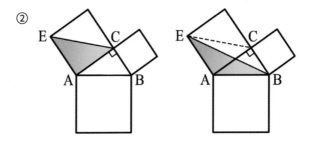

②

삼각형 ACE와 ABE는 밑변의 길이가 $\overline{AE}$로 같고, $\overline{AE}$와 $\overline{BC}$가 평행하므로 두 삼각형의 높이도 $\overline{AC}$로 같기에 넓이도 서로 같다.

③

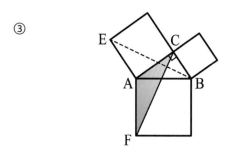

삼각형 ABE와 AFC는 $\overline{AE}$와 $\overline{AC}$의 길이가 같고, $\overline{AB}$와 $\overline{AF}$의 길이가 같고, 또 ∠EAB와 ∠CAF가 같으므로 SAS합동(대응하는 두 변의 길이와 그 끼인각의 크기가 같은 합동)으로 넓이가 서로 같다.

④

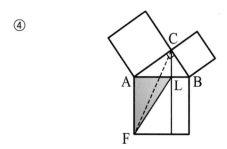

삼각형 AFC와 AFL은 밑변의 길이가 $\overline{AF}$로 같고, $\overline{AF}$와 $\overline{CL}$이 평행하므로 두 삼각형의 높이도 $\overline{AL}$로 같기에 넓이도 서로 같다.

⑤

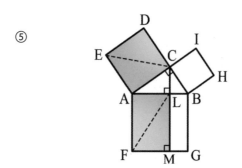

①~④에 의해 삼각형 ACE와 AFL의 넓이가 같으므로 사각형 ACDE와 AFML의 넓이도 서로 같다.

⑥

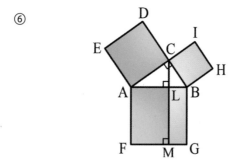

마찬가지 방법으로 사각형 BCIH와 BGML의 넓이가 같다. 따라서 정사각형 ACDE의 넓이($\overline{AC}^2$)와 BCIH의 넓이($\overline{BC}^2$)의 합은 AFGB의 넓이($\overline{AB}^2$)와 같으므로 피타고라스의 정리 $\overline{AC}^2 + \overline{BC}^2 = \overline{AB}^2$이 성립한다.

"혹시, 뭐?"

"'어둠 속에서'라고 했잖아. 어두운 밤에만 발견할 수 있는 건 아닐까?"

곰곰이 생각하던 무리수도 의견을 보탰다.

"나도 비슷한 생각이야. 어두워야만 볼 수 있는 어떤 장치가 있을 수도 있어."

모두가 시선을 한 번씩 주고받았다. 다른 의견을 내놓는 사람이 없자, 란희가 말을 꺼냈다.

"곧 어두워질 텐데 기다려 볼까요?"

"그래, 그러자."

아이들은 점심을 먹고 온 뒤 쉬면서 해가 질 때까지 기다렸다. 하지만 주변이 어둑어둑해져도 달라지는 건 없었다. 완전히 어둠이 내려앉자, 노을이 작게 한숨을 쉬었다.

"아닌가 봐요."

"일단 기숙사로 돌아가자. 저녁도 먹어야지."

무리수의 말에 노을이 엉덩이를 털고 일어났다.

"그래, 저녁 먹고 생각해 보자."

란희에 이어 다른 아이들도 하나둘씩 일어났다. 오전부터 체육관을 뒤지고 다녀서 다들 지친 상태였다.

밖으로 나가려던 때였다. 체육관 문이 열리고, 농구공을 든 지석 일행이 들어왔다.

"뭐야, 너희들 왜 여기에 있냐?"

탕, 탕, 요란하게 농구공을 튀기며 다가오던 지석은 단숨에 상황을 파악했다.

"몇 번째 미션이야?"

"알 거 없잖아."

노을이 퉁명스럽게 답했다.

"그래, 몰라도 될 것 같기는 하다. 어차피 너희가 꼴등일 텐데. D팀은 탈락인 것 같고, 이제 우리 팀과 C팀의 싸움인 거지."

비아냥거리는 태도에 A팀 아이들의 얼굴이 구겨졌다.

"넌 D팀 애들 걱정도 안 되냐?"

"무슨 걱정? 경쟁에서 뒤처진 애들 걱정을 쓸데없이 왜 해?"

무리수가 란희에게 물었다.

"쟤는 뭘 믿고 저렇게 재수가 없는 거야?"

마치 들으라는 듯 커다란 목소리였다. 신기한 생명체를 보는 것 같은 시선이 지석을 향해 박혔다. 이때다 싶었는지 란희도 커다란 목소리로 대답했다.

"쟤 부모 믿고요."

"아아, 사람 사는 데는 다 비슷하구나."

"그렇죠. 왜 사람들이 부끄러운 줄을 모르는 건지, 참 나."

비난을 들은 지석의 얼굴이 붉으락푸르락해졌다.

"센 척은. 우리 농구 시합 하려고 왔는데, 오래 걸리냐? 무릎

꿇고 사정하면 우리가 비켜 줄 수도 있는데."

노을이 피식 웃었다.

"됐어. 농구나 해라. 우린 밥 먹으러 갈 거다."

"왜 오늘은 파르르 안 해? 겁먹었냐?"

노을이 란희 쪽을 바라보며 한마디 얹었다.

"너랑 또 싸우면 란희한테 맞아. 나는 맞고, 너는 차일걸? 차인 데는 괜찮냐? 한 번 더 차여도 되겠어?"

노을의 말에 지석이 주춤 물러서며 농구공으로 제 몸을 가렸다. 노을이 픽 웃었다.

"겁먹었냐?"

"겁은 무슨! 쟤는 무슨 여자애가 저렇게 드세서는."

지석이 발끈했지만, 모두의 비웃음을 살 뿐이었다.

"드센 거 알면 조심해."

상큼하게 웃은 란희가 지석을 스쳐 지나갔다. 등 뒤에서 분노에 찬 목소리가 들렸지만, 귀를 후비는 것으로 답을 대신했다.

킥 웃은 노을이 란희와 어깨동무를 했다.

"밥이나 먹으러 가자. 저녁 메뉴 뭐였지?"

"맛있는 거 나오면 좋겠다."

란희가 배시시 웃으며 대답했다. 공공의 적 앞에서만큼은 다정한 두 사람이었다.

이게 왜 여기서 나와

아이들은 조를 나누어 세 시간 간격으로 에델바이스에 가 보기로 했다. 첫 번째로 에델바이스에 가게 된 멤버는 무리수와 시은이었다.

무리수가 나가자 아름은 본격적인 수사에 착수했다. 아름은 수사 노트를 손에 든 채 거실을 계속 오갔다. 생각을 정리해야 한다며 거실을 방황하는 중이었다.

"그만해. 정신 사나워."

란희가 잔소리를 늘어놓아도 소용없었다. 계속 거실을 빙빙 돌던 아름이 갑자기 걸음을 멈췄다.

"나의 감이 말하고 있어. 이건 모방 범죄야."

벌써 백 번쯤 들은 말이었다. 란희는 귀를 틀어막고 싶은 충동을 느꼈다.

"너의 감이 범인도 말해 줬으면 좋겠구나, 친구야."

"범인은 바로⋯⋯."

아름이 손가락으로 현관문을 가리켰을 때였다.

"이 몸이 오셨다."

현관문이 스르륵 열리며 노을이 안으로 들어왔다. 아름이 손가락을 슬쩍 접었다. 란희가 노을을 노려보았다.

"너 혼자 다니지 말랬지!"

란희의 곁에 슬쩍 앉은 노을이 속삭이듯이 말했다.

"찾을 수 있을 것 같아."

"정답?"

"아니, 무리수 형에게 테러를 저지르는 범인 말이야. 찾을 수 있을 것 같다고."

란희의 미간이 와락 구겨졌다. 노을의 표정이 낯익었다. 사고를 칠 때마다 짓는 표정이었다.

"⋯너 정말 찾은 거야?"

"정확하게는 찾아낼 방법을 알아낸 거지만."

두 사람 사이로 고개를 불쑥 내민 아름이 두 눈을 번뜩였다.

"정말? 정말로 찾았어?"

"응. 나 못 믿어?"

아름은 고개를 끄덕일 뻔했지만, 가까스로 움직임을 멈췄다. 지금은 지푸라기라도 잡고 싶은 심정이었다. 하지만 란희는 냉정했다.

"응, 못 믿어."

"진짜야. 범인의 흔적을 찾았거든. 완벽한 증거야."

자신만만한 노을의 말에 아름의 눈빛이 점점 흔들렸다.

"그럼 당장 애들한테 말하자."

아름이 모두를 불러 모으기 위해 몸을 돌렸다. 방문을 향해 막 외치려는데, 노을이 팔을 붙잡았다.

"잠깐! 우리끼리 가야 해. 이유가 있어."

"뭔데?"

"그런 게 있어. 범인 잡고 싶으면 비밀로 하고 둘만 따라 나와. 난 파랑이를 데려올게. 방에 있지?"

파랑이를 데리고 나온 노을이 아이들을 향해 말했다.

"보여 줄 게 있어. 재스민으로 가야 해."

노을을 따라 재스민으로 이동한 아이들은 안으로 들어갔다. 1층짜리 건물인 재스민은 실내 수영장이었다. 유리문 안쪽으로 레인이 네 개 있는 수영장의 모습이 보였다.

"수영장이 있었네?"

란희가 유리문을 밀었지만 꿈쩍도 하지 않았다.

"안으로 못 들어가? 시설 마음대로 이용하라고 해 놓고."

란희가 투덜거리자 노을이 말했다.

"옆에 있는 패드에 손을 대면 수학 문제가 나와. 풀면 들어갈 수 있어."

"어, 그래."

란희는 빠르게 수영장을 포기했다.

유리문에서 손을 뗀 란희는 노을이 들어간 탈의실로 향했다. 탈의실은 한 명만 들어갈 수 있을 정도로 좁은 공간 네 곳으로 나뉘어 있었고, 각 공간 안에는 캐비닛이 있었다.

노을이 캐비닛 하나를 열었다. 노을이 연 캐비닛을 들여다본 란희의 눈이 동그래졌다. 아름과 파랑도 마찬가지였다. 시선을 끄는 물건이 있었기 때문이다. 바로 검은 가방이었다.

"이게 왜 여기서 나와?"

란희가 가방을 열자 책 몇 권과 옷 그리고 자잘한 물건들이 나왔다.

"이거 무리수 오빠 가방인 것 같은데……."

곁눈질로 아름을 보자, 격렬한 분노가 전해져 왔다. 아름이 불타오르는 목소리로 말했다.

"오빠 가방이 맞아."

"확실해?"

아름은 가방 안에 손을 넣어 옷 하나를 집어 들며 대꾸했다.

"이거 Y대학교 강당에서 입고 있던 옷이잖아."

"그걸 기억해? 난 내가 입은 옷도 기억 못 하는데?"

"확실해."

아름은 단언했다. 아름이 맞다고 하면 맞는 것이다.

"맞단 말이지."

가방을 닫은 란희는 캐비닛에서 다른 물건들도 꺼내어 확인했다. 맥가이버 칼, 끈, 붉은색 페인트가 묻은 장갑, 숫자가 쓰여 있는 종이에 이어 쥐덫까지 나오자 더는 의심할 여지가 없었다.

"범인 사물함이네."

란희가 인정하자 의기양양해진 노을이 말했다.

"그렇지? 여기서 기다리면 범인을 잡을 수 있을 거야. 이틀에 한 번씩은 문제를 일으키고 있잖아? 그러니까 적어도 이틀 안에는 짐을 찾으러 오겠지. 아니, 준비해야 할 테니까 더 빨리 나타날지도 몰라."

"좋아, 잡을 수 있겠어."

아름이 주먹을 불끈 쥐며 말을 이었다.

"오늘부터 잠복근무다! 돌아가면서 불침번을 서는 거야."

불타오르는 아름을 뒤로하고 란희는 다른 캐비닛을 뒤적거렸다. 문을 하나씩 열어 보던 란희가 사물함 안쪽에 쓰여 있는 낙서를 발견했다.

여기까지 왔네? 그런데 끝까지 알려 주면 재미없잖아.
그동안 내가 준 힌트로 팀원들의 기대를
한 몸에 받게 되었을 텐데 이제 어떻게 할 거야?
밥 많이 먹고 힘내. 여기 식당 밥 맛있더라.

픽 웃은 란희가 노을을 돌아보았다.

"이래서 우리만 오라고 한 거구나. 이 메시지를 보면 그동안 네
가 꼼수 쓴 게 다 걸릴 테니까."

노을은 데헷, 하고 웃고 말았다. 보물찾기의 결말은 허무했다.
메시지를 확인한 파랑도 걱정스러운 눈길로 노을을 바라봤다.

란희가 팔짱을 끼며 말했다.

"너 이제 어쩔 거야. 성찬이한테 걸리면 완전히 동심 파괴다?"

"알아. 안 걸릴 거야. 미션도 얼마 안 남았잖아. 그동안 충분히
활약해서 쉬어도 될 것 같아."

"잘도 활약했다."

한 걸음 뒤에서 지켜보던 파랑이 말했다.

"확실히, 이 물건들이 여기에 있다는 건 범인이 관리자가 아닐
확률이 높다는 뜻이겠네."

"그렇지?"

노을이 바로 말을 받았다.

"응. 관리자면 자신이 머무는 곳에 숨겨 놓으면 되니까."

란희가 인상을 썼다.

"그럼 우리 중에 범인이 있다는 거야? 범인은 스물여덟 명 중 한 명. 아니다, D팀이 사라졌으니까 스물한 명 중의 한 명?"

"그런 셈이려나."

아이들은 여러 가지 가능성을 떠올리며 서로 시선을 주고받았다. 머릿속이 복잡해졌다.

"잡아 보자. 잡으면 알겠지."

노을과 란희가 이야기를 나누는 동안 아름은 숨어서 기다릴 곳을 찾았다. 건물 입구 쪽에 있는 비품실의 문이 열려 있는 게 보였다.

"여기 숨어 있자. 비품실 창문으로 보면 누가 건물 안으로 들어오는지도 보일 거야. 안이 어두워서 밖에서는 들여다보이지 않을 것 같고."

"그래, 그러면 되겠다."

비품실은 생각보다 아늑했다. 아이들은 하나둘씩 자리를 잡고 앉았다. 잠복은 그렇게 시작되었다.

파랑의 정리

파랑과 란희는 어두컴컴한 길을 나란히 걸었다. 둘이 에델바이스에 갈 차례가 된 것이다. 별다른 이야기는 오가지 않았다. 어정쩡한 거리를 유지한 채 걷다 보니 에델바이스 앞에 도착했다.

문을 열고 들어가자 교대를 기다리고 있던 시은과 무리수가 벤치에 앉아 손을 흔들었다. 걸음을 빨리한 란희가 둘 앞에 서서 말했다.

"별다른 건 없었어요?"

"응, 없었어. 다시 구석구석 찾아보긴 했는데, 특별한 게 없어."

"이제 우리가 맡을게요. 돌아가서 쉬어요."

란희의 말에 시은이 먼저 몸을 일으켰다.

"그래, 그럼 뒤를 부탁해."

"수고해라."

인사를 마친 시은과 무리수가 건물 밖으로 나가자 파랑과 란희 둘만이 남았다. 커다란 체육관에 둘만 덩그러니 있다 보니 어색함이 배가되었다.

"우리도 찾아보자!"

란희는 일부러 발랄하게 말하며 농구장 끝으로 걸어갔다. 멀어진 란희의 뒷모습을 지켜보던 파랑도 건물 구석구석을 살피기 시작했다.

얼마나 시간이 흘렀을까. 다리가 아파진 란희가 벤치에 앉아 허벅지를 통통 두드렸다. 파랑도 곁으로 다가와 앉았다.

"……."

"……."

란희는 발가락만 꼼지락거렸다. 체육관 바닥의 나뭇결을 따라 눈동자를 움직이는데 누군가의 시선이 느껴졌다.

고개를 돌려 보니 파랑이 자신을 빤히 바라보고 있었다.

"…왜?"

"그냥."

"응?"

"아니야."

파랑이 먼저 눈을 돌렸다. 란희 역시 눈길을 거두었지만, 파랑이 다시 자기를 빤히 바라보는 게 느껴졌다. 란희가 고개를 돌리며 큰 소리로 말했다.

"왜, 할 말 있으면 해."

"아니야. 그냥 망토가 예뻐서."

"뭐? 미, 미쳤냐?"

란희의 대꾸에 파랑이 웃으며 말했다.

"망토가 예뻐 보이면 미친 거야?"

"너, 나랑 같은 망토 입고 있거든?"

괜히 퉁명스럽게 대꾸했지만, 란희는 가슴이 떨리는 걸 느꼈다. 파랑이 평소에는 크게 웃지 않는 터라 파급력이 더 컸다.

"그렇긴 하지만……."

파랑이 말끝을 흐리자, 란희는 괜히 더 목소리를 높였다.

"망토든 뭐든, 그렇게 막 예쁘다고 말하는 거 아니야."

"…왜?"

"너, 너, 너, 여자 친구도 있잖아."

"내가?"

파랑이 이해할 수 없다는 듯이 고개를 기울였다.

"그래, 너."

"나한테 여자 친구가 있었어?"

파랑의 웃음이 조금 짙어졌다.

"어? 너 걔랑 사귀는 거 아니야?"

"걔라면……?"

"가연이."

잠시 멍하니 있던 파랑은 곧 무언가를 깨달은 듯했다.

"횡단보도?"

"그, 그래."

"안 사귀는데?"

"뭐? 이 나쁜 놈!"

뜬금없이 나쁜 놈이 되어 버린 파랑은 잠시 당황했다. 란희의 행동은 늘 예측 불가능했다. 그래서 더 시선이 가는 거였지만.

파랑이 입꼬리를 올리며 물었다.

"안 사귀면 나쁜 놈이야?"

"가연이가 고백했는데 웃었잖아. 거절이면 인상을 썼어야지. 너 평소에 잘 웃지도 않으면서."

"내가 웃었나?"

파랑은 기억을 더듬어 보았다. 그날 가연이는 고백하지 않았다. 그저 난해한 질문 하나를 남겼을 뿐이다.

"둘의 관계가 친구라는 건 알겠어. 그럼 넌 란희를 어떻게 생각하는데?"

그 질문을 받은 덕분에 파랑은 란희에 대한 생각을 정리할 수 있었다.

"관심이 가. 신경 쓰이는 것 같아."

"좋아하는 거야?"

"아마도."

대답을 들은 가연은 자신이 깔끔하게 물러나겠다며 잘해 보라고 말해 주었다. 그래서 웃었던 것 같기도 했다.

'지켜보고 있었구나.'

회상을 마친 파랑이 란희를 응시했다. 발끈한 란희가 말했다.

"그래, 너 웃었어! 그보다 사귀는 게 아니면 왜 말 안 했어!"

"…안 물어봤잖아?"

파랑은 란희가 궁금해하는지조차 알지 못했다.

"알아서 재깍재깍 말했어야지!"

란희는 급기야 삿대질까지 했다.

"알았어. 앞으로는 말할게."

란희는 계속 미심쩍은 눈으로 파랑을 응시했다. 이상한 일이지만 파랑의 기분은 좋아 보였다. 가연이 때문이 아니라면 이유가 뭘까?

"그럼, 너 왜 요즘 나랑 어색해? 나 슬슬 피한 거 아니야?"

"그건……."

"뭐? 왜?"

곤란하다는 듯이 이마를 매만지던 파랑이 말했다.

"오해 때문이었던 것 같지만, 네가 먼저 거리를 두려는 것 같길래. 무리수 형이랑 너 사이에 방해가 될 것 같기도 하고."

"헤에, 뭐야. 질투?"

란희의 얼굴에 장난기가 어렸다. 분위기가 다시 가벼워지려는 찰나 파랑이 말했다.

"질투 맞는 것 같아."

"뭐?"

"그건 아마도 내가 널 좋아한다는 뜻이겠지?"

"그, 그걸 왜 나한테 물어봐!"

란희의 얼굴이 잘 익은 토마토처럼 변했을 때였다. 체육관 문이 열리고, 농구공을 든 지석이 들어왔다.

"너네 뭐 하냐?"

란희와 파랑을 발견한 지석이 비아냥거리는 얼굴로 멈춰 섰다. 끝내주는 타이밍이었다. 어쩜 저렇게 예쁜 짓만 골라서 하는지 모를 지경이었다. 란희가 퉁명스럽게 대꾸했다.

"미션 한다, 왜."

"아직까지 미션 하나 해결 못 했냐? 하여간 덜떨어져서는. 잠이 안 와서 몸 좀 풀려고 나왔는데 내가 양보해 줄게. 좋은 구경하고 간다."

지석은 그대로 몸을 돌려 나갔다.

"저 정도면 재능 아닐까? 저렇게 재수 없는 것도 쉽지는 않을 거야. 그렇지?"

란희가 막 문을 나서는 지석을 향해 눈을 흘길 때였다.

철컹하는 소리와 함께 체육관의 불이 꺼졌다. 란희와 파랑이 황급히 일어나서 출입문으로 달려갔지만, 문은 이미 굳게 잠겨 있었다. 문밖에 무언가를 걸어 놨는지 덜컹거리기만 했다.

문손잡이를 붙잡고 흔들던 란희가 어금니를 꽉 깨물었다.

"아, 진짜 저 자식. 나가기만 해 봐라."

란희가 응징을 다짐하는데, 파랑이 달래듯이 말했다.

"괜찮아. 조금 있으면 다음 애들이 올 거야."

겁먹을까 봐 걱정되어 다독이듯이 건넨 말이었다. 하지만 란희는 씩씩했다.

"그래, 조금만 참으면 응징할 수 있어."

란희는 창문 앞으로 갔다. 닫혀 있는 커튼이라도 걷으면 밝아질까 해서였다. 커튼을 걷자, 달빛과 함께 가로등 불빛이 안으로 들어왔다.

"아⋯⋯!"

파랑이 탄성을 질러 돌아보니 체육관 바닥에 반짝이는 도형과 알파벳이 나타나 있었다.

"어?"

란희의 눈도 동그래졌다.

"이거였어! 직각삼각형 하나와 그 바깥쪽에 있는 세 개의 정사각형!"

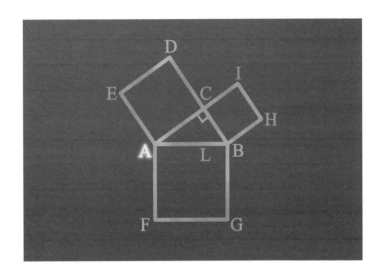

아이들이 찾던 도형이었다. 알파벳 A 지점에서 불빛이 반짝거
렸다. 파랑과 란희는 무언가에 이끌리듯 불빛에 다가갔다.

"유클리드의 발자취를 쫓아라."

파랑이 미션의 마지막 문구를 중얼거렸다.

"증명법대로 따라서 걸으라는 거 아닐까?"

설마설마하면서도 파랑은 일단 알파벳 A 지점에 가 섰다.

"일단 삼각형 ACE와 ABE의 넓이가 같다는 것부터 시작이야."

파랑은 A에서 C를 거쳐서 E로 걸어갔다. 그러자 파랑이 걸어
간 길을 따라 불빛이 켜졌다.

"뒤돌아서 바닥을 봐. 네가 움직인 대로 빛이 연결되고 있어."

란희의 말에 뒤를 돌아본 파랑이 상황을 파악했다. 파랑은 유클리드의 증명법대로 성큼성큼 걸음을 옮겼다. 마지막으로 L 지점에 도착하자 꺼져 있던 전광판에 4라는 숫자가 나타났다.

"4가 미션 정답인가 봐."

활짝 웃는 란희를 보며 파랑도 마주 웃었다.

피타고라스의 별

비품실 문틈으로 웅성거리는 소리가 새어 나왔다. 노을과 란희, 파랑, 아름은 아침부터 범인을 잡기 위해 잠복하고 있었다.

"아깝다. 하필이면 12시가 넘어서 답을 입력해서는……."

노을이 투덜거리자 란희가 씨근덕대며 대꾸했다.

"이게 다 서지석 때문이야."

어젯밤, 란희와 파랑은 정답을 알아내고도 태블릿 PC에 바로 입력하지 못했다. 온수를 사용해야 해서 태블릿 PC를 기숙사에 놓고 온 것이 문제였다. 다음 순번인 아이들이 도착해서 잠긴 문을 열어 주었을 때는 이미 자정이 지난 뒤였다.

"그 자식 때문에 하루를 또 날려 버린 거잖아."

구시렁거리던 노을은 네 번째 암호 조각을 떠올렸다. 무심코 지금까지 받은 암호 조각을 중얼거렸다.

"3, 6, 1, 4."

하나가 추가되었지만, 여전히 떠오르는 건 없었다. 노을은 눈을 끔뻑거리다가 파랑에게 물었다.

"너도 아직 생각나는 거 없지?"

"규칙을 모르겠어."

"다음 힌트가 나오면 알 수 있을까?"

"알아내야지. 못 푸는 문제를 내지는 않았을 테니까."

대화가 끊겼다. 심심해진 노을은 파랑이 가져온 공책을 찢어 종이접기를 했다. 처음에는 종이학을 접었다. 다음에는 하트를 접고 오리를 접었다. 중간중간 아름이 잘한다며 손뼉을 쳐 주자 오징어를 접었다. 오징어가 완성되자 노을은 그것을 란희에게 내밀었다.

"받아. 네 친구야."

란희가 한쪽 손을 들어 보였다. 그런 뒤 오징어를 향해 반갑게 인사했다.

"반갑다, 노을아."

"야, 왜 이게 나야."

"아, 미안. 너무 닮아서 헷갈렸다."

본전도 찾지 못한 노을은 마지막으로 회심의 공룡 접기를 시작했다. 노을이 공룡을 접는 걸 지켜보던 란희는 주변으로 시선을 돌려 비품실에 있는 상자를 하나씩 열어 보기 시작했다. 첫 번째 박스에서는 일회용 샴푸와 린스가 나왔고, 두 번째 박스에서는 새 수건이 나왔다. 세 번째 박스에서는 수영복과 수영 모자가 나왔다. 수영복과 수영 모자에는 수학 캠프 마크가 인쇄되어 있었다.

마크를 들여다보던 란희가 미간을 찌푸렸다.

"이 마크 진짜 좋아한다. 그런데 분명 어디선가 본 것 같은데……"

"그야 계속 봤겠지. 캠프 곳곳에 있잖아. 망토 여미는 곳에도 달렸고."

노을이 대수롭지 않다는 듯이 대꾸했다.

"아니야. 캠프장 오기 전에 분명 봤다니까."

잠시 기억을 더듬던 란희는 이내 생각을 지워 버렸다.

"뭐 놀 것 없나?"

종이를 내려놓은 노을이 파랑의 옆구리를 쿡 찔렀다.

"뭐 재미있는 거 없어?"

"수학 퀴즈라도 내 볼까?"

파랑의 제안에 란희가 몸을 일으켰다.

"딱밤 맞기 어때? 맞힌 사람이 나머지 두 명을 때리는 거야."

"좋아."

아름이 동의하자, 노을이 말했다.

"파랑아, 문제 내."

들고 온 책을 뒤적거리던 파랑이 입을 열었다.

"어두운 밤이야. A, B, C, D 네 사람이 어떤 다리를 건너야 해. 다리는 17분이 지난 뒤 무너져 내려. 다리를 건널 때는 최대 두 명까지만 같이 건널 수 있고, 손전등이 꼭 있어야 해. 그런데 손전등은 하나밖에 없어. 다리를 건너는 데 A는 1분, B는 2분, C는 5분, D는 10분이 걸리고 두 사람이 같이 건널 때는 더 느린 사람에 맞춰서 건너야 해. 이 사람들은 다리가 무너지기 전에 그곳을 건널 수 있을까?"

노을이 먼저 말했다.

"두 명이 같이 건널 수 있으니까 먼저 A, B가 건너는 거야. 그럼 느린 B에 맞춰서 2분이 걸려. 다음에 C, D가 건너면 느린 D에 맞춰서 10분이 걸리니 충분히 건널 수 있네!"

란희가 고개를 저으며 말했다.

"에이, 아니지. 다리를 건너려면 손전등이 필요하다고 했잖아. 손전등은 하나밖에 없다고. 처음에 A, B가 건널 때 손전등을 가져가면 C, D는 다리를 건너지 못해."

"누군가가 손전등을 들고 다시 돌아와야 하는구나. 그러면 시간이 가장 적게 걸리는 A가 여러 번 왔다 갔다 해야겠네."

노을이 고민에 빠지자, 아름이 나섰다.

"그럼 다시 해 보자. A, B가 처음에 같이 건너는 데 2분이 걸리고 A가 돌아오는 데 1분이 걸리지? 그런 뒤 A가 C와 같이 건너는 데 5분, 다시 A가 돌아오면 1분, 마지막으로 A가 D와 함께 건너면 10분. 이러면 총 몇 분이지?"

"2 + 1 + 5 + 1 + 10이니까… 19분. 넌 땡!"

노을이 시원하게 말하자 란희가 투덜거렸다.

"뭐야, 이거 불가능한 거 아니야? A가 아닌 다른 사람이 손전등을 들고 돌아오면 더 오래 걸리잖아."

"그렇네."

다 같이 머리를 모아 고민을 시작했다. 갑자기 노을이 픽 웃었다.

"고정관념에 사로잡힌 영혼들이여. 이 몸이 정답을 알아내셨다."

"뭔데?"

"한 사람이 왔다 갔다 할 필요 없잖아. 먼저 A, B가 다리를 건너. 그러면 2분이 걸리겠지? 그리고 A가 손전등을 갖고 돌아와. 그럼 1분. 그런 뒤 A가 아니라 남아 있던 C와 D가 손전등을 들고 건너는 거야. 이 둘이 건너는 데 10분이 걸릴 테고, 그런 다음 B가 손전등을 받아서 다시 돌아오는 거지. 그럼 2분. 마지막으로 A, B가 건너가는 데에 다시 2분."

"다 더하면 2 + 1 + 10 + 2 + 2 = 17, 딱 17분이네."

"역시 이 몸은 천재야."

노을이 으스대는 모습이 꼴 보기 싫은 란희가 투덜거렸다.

"아, 재미없어. 재미없어."

"재미없긴, 이마 대."

란희는 눈을 질끈 감고 이마를 내밀었다. 잠시 후, 경쾌한 딱 소리가 연달아 비품실에 울렸다. 무자비한 딱밤에 란희와 아름의 이마가 불그스름해졌다. 둘이 이마를 잡고 고통에 몸부림치는 모습을 지켜보던 노을이 낄낄거렸다.

파랑은 살짝 부풀어 오른 란희의 이마를 보더니 문제집을 덮었다.

"한 문제 더 내!"

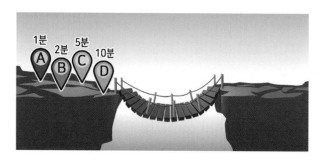

1단계 ▶ A, B가 손전등을 갖고 다리를 건넘(소요 시간 : 2분)

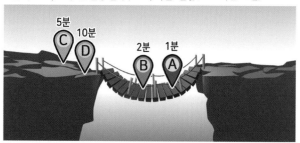

2단계 ▶ A가 손전등을 갖고 돌아옴(1분)

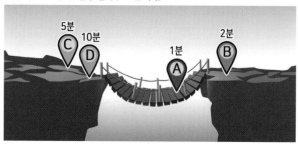

3단계 ▶ C, D가 손전등을 갖고 다리를 건넘(10분)

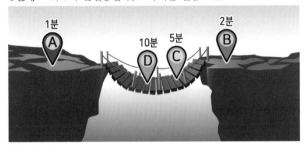

4단계 ▶ B가 손전등을 갖고 돌아옴(2분)

5단계 ▶ A, B가 손전등을 갖고 다리를 건넘(2분)

· 총 소요 시간 : 2 + 1 + 10 + 2 + 2 = 17분

란희가 발끈했지만 파랑은 시선을 돌렸다.

"마땅한 문제가 없어."

딱밤 맞기 수학 퀴즈가 흐지부지 끝나자 란희는 벽에 기댔다.

"지루해."

"그러게. 좀 지루하다. 좁아서 답답하기도 하고."

아름도 맞장구치며 벽에 기댔다. 비품실이라 공간이 좁았다. 의자도 없어서 맨바닥에 앉아 있는 상태였다. 다시 긴장감 없이 늘어지려던 란희는 무언가를 기억해 냈다. 제로 아지트에 숨어 들어갔을 때 보았던 마크와 캠프의 마크가 비슷했다. 아이들에게 말하려는데, 아름이 숨죽이며 말했다.

"쉿, 누가 이쪽으로 오는 것 같아."

네 명의 아이들이 유리창 앞에 다닥다닥 붙었다.

"머리 너무 내밀지 마."

란희의 말에 아이들은 밖에서 누군가 볼세라 몸을 낮췄다. 잠시 후 문이 열리는 소리가 들렸다. 문 앞을 지나간 누군가가 건물 안으로 들어왔다.

아이들은 침을 꼴깍 삼켰다. 기다리던 범인임이 분명했다. 발걸음 소리에 이어 캐비닛이 열리는 소리가 들렸다.

"나가자."

노을이 말하자 다른 아이들이 고개를 끄덕였다. 노을이 먼저 비품실 문을 열고 나갔다. 파랑이 뒤를 따랐고, 아름과 란희는 도주로를 막기 위해 바깥으로 통하는 출입문 앞에 버티고 섰다.

앞장서 있던 노을이 외쳤다.

"잡았다, 요놈!"

캐비닛 문에 가려져 있던 범인의 얼굴이 드러났다. 아이들의 등장에 당황한 나머지 도망칠 생각도 하지 못한 듯했다. 하지만 당황한 건 아이들도 마찬가지였다.

노을이 떨리는 목소리로 말했다.

"왜 여기에……."

"네가 왜……."

이글이글 타오르는 아름의 눈동자에 담긴 범인은 성찬이었다.

"네가 범인이었어?"

노을이 한 발 다가가자 성찬이 주춤 물러났다. 놀란 건 성찬도 마찬가지인 듯했다.

"…어떻게?"

당황해 흔들리던 눈동자가 이내 또렷해졌다. 성찬은 어깨를 으쓱이더니 아이들을 바라보며 씩 웃었다.

"들켰네."

3장

캠프를 탈출하라

눈자의 비밀

"형이 '무리수'라는 가명을 쓰는 바람에 피타고라스 님과 히파수스에 대한 이야기가 아이들 사이에 퍼지게 됐다고. 지금 아이들은 피타고라스 님을 편협한 늙은이 취급해. 피타고라스 님이 얼마나 위대한 분인지는 모두 다 알잖아? 아이들이 피타고라스 님을 무시하는 건 모두 형 때문이야."

성찬의 변명 아닌 변명을 들은 무리수는 허탈함을 감추지 못했다. 같은 방을 사용하던 성찬이 범인일 거라고는 상상조차 하지 못했다.

"그러니까… 하……."

말이 쉽게 이어지지 않았다.

"하."

현실감이 느껴지지 않아서 말보다는 헛웃음이 먼저 나왔다. 오래 알았던 건 아니지만, 온종일 붙어 있어 정도 든 상태였다. 막내라고 더 챙겨 주기까지 했었다.

"첫날, 일부러 우리랑 같이 페인트 맞은 거네? 속이려고."

"그런 셈이지."

성찬이 뻔뻔하게 대꾸했다. 언제부터인가 더 이상 존댓말도 하지 않았다.

"페인트는 어떻게 떨어뜨렸어?"

"RC카. RC카를 움직여서 밧줄을 당겨 페인트 통을 뒤집었지. 작동은 컨트롤러로 했고. 내가 그날 범인을 잡겠다면서 같이 옥상에 올라간 이유가 뭐겠어? RC카를 숨기려고 간 거지."

옥상을 직접 둘러보았던 무리수는 그날 밤의 상황을 시뮬레이션해 보았다.

충분히 가능할 것 같았다. 옥상 난간 끝에 놓인 페인트 통은 작은 힘에도 균형을 잃고 추락할 테니까.

"내 가방은 어떻게 가지고 나갔어? 그날 우리 팀원은 다 같이 나갔잖아."

"내 침대 매트리스 밑에 잠깐 숨겨 놨었지."

무리수가 이마를 짚으며 다시 질문했다.

"내가 캠프에 올 거라는 건 어떻게 알았고?"

"리미트 숙소를 기웃거리다가 매니저들끼리 하는 말을 들었어. 마침 캠프 초대장도 받은 상태였고. 운명이라고 생각했지."

"그럼 페인트도 미리 준비해 온 거야?"

"아니, 그건 현장에서 구한 거야. 뭐가 어디에 있는지는 누나한 테 대충 들었고."

"누나?"

"누나가 3년 전에 피타고라스 수학 캠프에 다녀갔거든. 미션에 대한 얘기는 해 주지 않았지만, 캠프장 구조나 몰래 사용할 수 있는 사물함 위치 같은 건 알려 줬어."

무리수가 다시 물었다.

"남겨 놓은 숫자는? 테러범들이 남겨 둔 숫자를 따라 했잖아. 뒤쪽은 모방 범죄로 위장하려고 아무거나 적은 거야?"

"아무거나 적은 건 아니거든."

"그럼?"

"삼중쌍."

성찬이 자랑하는 어투로 답하자 란희가 미간을 찌푸렸다.

"삼중쌍? 삼중쌍이랑 테러랑 무슨 상관인데."

"테러 시간이랑 남겨 둔 숫자를 생각하면 아주 쉬운 문제인데, 아무도 시간은 신경 쓰지 않더라고."

아름의 눈초리가 한층 더 날카로워졌다. 금방이라도 달려들 듯한 아름을 막아선 건 무리수의 목소리였다.

"설명해 봐."

의기양양해진 성찬이 입을 열었다.

"편지를 우편함에 넣어 둔 시간이 새벽 3시였어. 편지에 넣은 숫자는 4였고. 피타고라스의 정리를 성립시키는 삼중쌍 (3, 4, 5)에 의해 다음 테러는 5시가 되는 거고."

"바보냐? 그걸 어떻게 알아. 새벽 3시에 우편함에 넣은 건 너만 알잖아."

란희가 핀잔을 주었다.

"어차피 날 찾으라고 남겨 둔 것도 아니었어. 일종의 상징이었을 뿐이야."

무리수는 이마를 매만졌다. 삼중쌍에 의해 두 번째 테러가 일어났어야 할 새벽 5시에 발생한 사건은 아무것도 없었다. 무언가 잡힐 듯 잡히지 않았다. 골똘히 생각하던 무리수가 갑자기 미간을 좁혔다.

"설마, 콘서트장도 너냐?"

아니길 바랐지만, 성찬은 작게 고개를 끄덕였다. 노을이의 말도 안 된다고 여겼던 가설이 맞아떨어진 셈이다.

"맞아. 나인 줄도 모르고 테러범 소행인 줄 알더라고. 진짜 바보 같지 않아?"

"예고대로라면 오전 5시여야 하잖아."

"콘서트장에 숨어 들어간 시간이야. 소품 상자 사이에 폭발물을 숨기고 나와야 했거든. 나는 시간을 정확히 따르고 있었어."

아름이 주먹을 불끈 쥐었다. 아름의 눈동자가 어느 때보다 불타올랐다. 뒤에 가만히 서 있던 시은도 음산하게 말했다.

"너 때문에 콘서트도 못 보고……."

두 사람에게서 뿜어져 나온 위협적인 공기가 거실을 가득 메웠다. 시은의 으르렁거림을 들은 란희가 고개를 확 돌렸다.

"역시 콘서트장 옆자리에 앉아 있던 사람, 언니였죠?"

"뭐, 그랬지."

이번에는 시은도 부정하지 않았다. 아름이가 깜짝 놀라며 물었다.

"언니도 리미트 팬이었어요?"

"아니거든! 팬은 무슨. 그냥 노래가 좋아서 조금 들은 거야."

시은이 새침하게 고개를 돌리자, 아름이 시은의 표정을 유심히 살폈다.

"언니 입덕 부정기였어요? 난 그것도 모르고 살짝 의심했었는데."

시은의 눈이 커졌다.

"나를?"

"미안해요. 무리수 오빠를 바라볼 때의 언니 표정이 조금 흉흉해서요."

"안 봤거든?"

다시 새치름하게 고개를 돌렸지만 소용없었다.

무리수는 한결 무거워진 목소리로 말했다.

"그날 콘서트장에 얼마나 많은 사람이 있었는지 알아? 잘못해서 큰불이라도 났으면 많은 사람이 다쳤을 거야. 최악의 경우에는 사망자가 생길 수도 있었고."

성찬은 입을 삐죽거렸다. 여전히 반성의 기미라고는 보이지 않았다.

"알 게 뭐야. 어차피 다 죽을 텐데."

"너 지금 말장난하냐? 물론 모두 언젠가는 죽겠지. 그렇다고 해도……."

"며칠 안 남았어."

"뭐?"

"지금 일어나고 있는 테러를 보고도 몰라? 인류가 끝장날 텐데 고작 며칠 더 사는 게 뭐가 그렇게 중요하다고 난리들이야?"

성찬의 말을 듣고 있던 아이들의 팔에 소름이 오소소 돋았다. 란희가 성찬의 팔을 붙잡으며 말했다.

"너, 뭘 알고 있는 거야? 테러에 대해 뭔가 알고 있는 거지?"

"어떨 것 같아?"

으스대는 폼이 퍽 수상했다.

"설마 테러범이 다음에 무슨 일을 벌일지 알고 있는 거야?"

성찬이 아이들을 한 명 한 명 돌아보며 말했다.

"조화롭지 못하고 무질서한 이 세상은 점점 타락하고 있어. 이 모든 게 한계를 설정하지 않은 무리수를 발견했기 때문이라고."

"또 무슨 헛소리야."

"만물의 근본은 수야. 오로지 유리수만을 사용해서 질서를 부여하고 세상을 이해하려는 노력이 필요했어. 그걸 무리수가 망친 거야. 그래서 이 세상이 돌이킬 수 없게 망가진 거고."

이 무슨 정신이 안드로메다로 날아가는 소리란 말인가. 아이들은 의미를 이해하지 못한 채 서로를 바라보았다. 성찬만이 신이 난 채 이야기를 이어 갔다.

"알겠어? 무한히 이어지는 무리수를 발견하고 사용한 것이 모든 혼돈의 시작이었던 거야."

성찬이 말을 마치자, 침묵하던 무리수가 다시 물었다.

"그래서?"

"구시대의 질서를 파괴하고 새 시대의 질서를 시작하려는 거지. 테러 현장에 남아 있던 메시지도 있잖아."

성찬은 아무렇지도 않은 얼굴로 엄청난 말을 하고 있었다. 얼핏 들으면 어린아이의 과대망상 같았다. 하지만 아이들의 머릿속에 테러범이 남긴 메시지가 떠올랐다.

"모든 것의 파괴는 새로운 시작을 의미한다."

무리수가 중얼거리자, 성찬이 고개를 주억거렸다.

"맞아. 그 메시지가 핵심이야."

란희는 불길한 기분을 애써 부정했다. 아무리 생각해도 너무 멀리 간 것 같았다.

"미쳐도 단단히 미쳤네. 테러 때문에 수많은 사람들이 피해를 보고 있어. 부상자도 많지만, 사망자까지 나왔다고."

란희가 나무랐지만 소용없었다. 성찬은 자신이 뭘 잘못했는지 모르는 상태였다.

"새로운 시대, 조화로운 세상을 만들기 위해 어쩔 수 없는 희생이 필요했을 뿐이야."

노을은 대꾸하는 대신 란희를 돌아보았다.

"나 지금 한국말 듣고 있는 것 맞지?"

"아니, 그냥 개소리야."

"역시 개소리였구나."

"이해하려고 하지 마. 또라이의 정신세계를 보통 사람이 이해할 수는 없으니까."

란희가 말하자 노을이 고개를 주억거렸다. 이해를 포기하는 편이 정신 건강에 이로울 것 같았다. 성찬은 마치 사이비 종교에 빠진 사람 같았다.

무리수가 목소리를 낮추며 물었다.

"다치고 죽는 사람이 너의 가족이라면? 그래도 상관없어?"

"……."

이번에는 성찬도 바로 대답하지 않았다. 무리수가 계속해서 다

그치듯이 물었다.

"테러범이 남긴 메시지를 푼 건 맞지?"

"말했잖아. 피타고라스 삼중쌍이라고."

옆에 있던 란희가 발끈해서 꿀밤을 먹였다.

"아야!"

성찬이 정수리를 문지르며 아픈 시늉을 했다.

"우릴 바보로 알아. 테러가 일어난 시간이 다르잖아. 첫 번째 테러는 3시가 아니라 5시였어."

"같아. 진짜 테러는 그리니치 표준시를 따르고 있어."

"그리니치 표준시?"

눈이 동그래진 란희가 노을과 아이들을 돌아보았다.

세상에서 가장 아름다운

지구는 자전하면서 태양의 주위를 공전한다. 그래서 나라마다 시간의 차이가 발생한다. 사람들은 표준 시각을 정하기로 합의했고, 그 결과 그리니치 천문대를 기준으로 하는 표준시를 사용하게 되었다.

"그러니까 그리니치 천문대를 기준으로 얼마만큼 동쪽에 있는지 혹은 서쪽에 있는지에 따라서 시간이 달라지는 거야. 예를 들면, 한국의 서울은 그리니치 표준시에서 아홉 시간을 더하고, 미국의 뉴욕은 다섯 시간을 빼는 식이야."

무리수가 아이들에게 시차의 원리에 대해 설명했다. 란희가 머리를 굴리며 말했다.

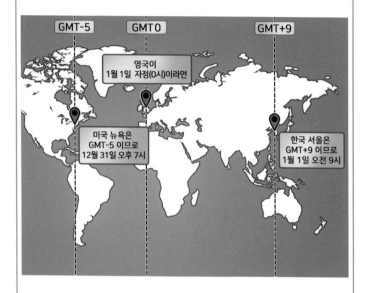

영국의 그리니치 천문대를 지나는 0도의 자오선을 기준으로
하여 설정한 세계 표준시. 흔히 **GMT**(Greenwich Mean Time)라
고 간략히 표기한다.

그리니치 지역을 경도 0으로 하여 동쪽으로 15도 이동할 때마
다 +1시간, 서쪽으로 15도 이동할 때마다 -1시간의 시차가 발생
한다.

"그럼 첫 번째 테러를 계산해 보면……."

이미 계산을 마친 파랑이 설명을 이었다.

"처음 테러는 이탈리아 로마의 바티칸 시국에서 GMT 3시에 일어났어. 테러 장소에서 발견된 숫자는 4. 여기에 성찬이가 말한 대로 피타고라스 삼중쌍 (3, 4, 5)를 대입해 보면 다음 예정 시각은 GMT 5시라는 걸 알 수 있어. 두 번째 테러가 일어난 한국은 GMT+9를 사용하는 나라니까 이 예측대로 하면 테러 발생 시각은 14시. 실제 테러가 일어난 시각은 오후 2시, 즉 14시니까 맞아떨어져."

란희가 눈썹을 치켜올리며 물었다.

"그럼 이 이론이 정말 맞다는 거야?"

파랑이 고개를 끄덕였다.

"콘서트장 테러는 성찬이가 한 짓이니까 그걸 제외하면 실제 일어난 다섯 번의 테러는 모두 삼중쌍과 시간이 정확히 일치해."

"그럼 여섯 번째는?"

란희의 질문에 파랑이 바로 답했다.

"다섯 번째 테러가 이란에서 GMT 15시에 일어났어. 남겨 놓은 숫자는 17이었고, 피타고라스 삼중쌍 (8, 15, 17)에 의해 남은 숫자는 8이니까 다음 테러는 GMT 8시에 일어날 거야."

"음, 그럼 날짜가 언제인지는 알 수 없어?"

"이건 날짜가 아니라 테러 시간을 계산한 것일 뿐이라서."

파랑이 곤란하다는 듯이 성찬을 돌아보았다. 성찬이 팔짱을 끼며 모두를 놀리듯 말했다.

"말해 줄 생각 없어. 말하면 다음 테러를 막을 거잖아."

란희는 도저히 참을 수가 없었다. 란희가 주먹을 불끈 쥐자, 노을이 먼저 앞으로 나섰다.

"어차피 캠프에 갇혀 있는데 우리가 알아 봤자 밖에 알리지도 못해. 휴대전화도 없고 컴퓨터도 없고 캠프에서 나갈 방법도 없는데 어떻게 알리겠어? 그러니까 그냥 말해 줘. 수학 천재인 나도 알아내지 못한 거잖아. 궁금해서 그래."

노을이 달래듯이 말하자, 성찬의 눈동자가 흔들렸다.

"그렇긴 하지. 정말 알고 싶어?"

"응, 그래. 그러니까 어서 말해 봐."

망설이던 성찬이 말문을 열었다.

"12월 31일에 있었던 개기일식 기억해? 테러는 그 개기일식 이후에 일어나기 시작한 거야. 개기일식은 총 6억 명이 살고 있는 28개국에서 관측됐어. 6은 첫 번째 완전수이고, 28은 두 번째 완전수지. 세상을 다시 창조하라는 신의 계시인 거야. 오래된 질서와 태양이 사라지고 피타고라스의 정신이 깃든 새 질서의 태양이 나타난 거지."

"그래서 여섯 번째 테러는 언젠데?"

"첫 번째 테러가 개기일식 1일 후, 두 번째 테러가 2일 후, 세 번째 테러가 4일 후, 네 번째 테러는 8일 후, 다섯 번째 테러는 16일 후."

노을의 눈동자가 조금 커졌다.

"뭐야, 두 배씩 커지고 있잖아? 그럼 여섯 번째 테러는 32일 후? 네가 콘서트장 테러만 저지르지 않았어도 쉽게 예측 가능했겠네!"

시은의 생각은 달랐다. 시은이 날카로운 목소리로 말했다.

"모든 규칙이 피타고라스와 관련되어 있을 거야. 내 생각에는 31일이 맞아."

"맞아. 31일 후야. 개기일식이 지난 뒤, 세 번째 완전수 496의 약수인 1, 2, 4, 8, 16, 31, 62, 124, 248, 496일째 되는 날에 테러를 일으키는 거지. 성서에서는 신이 세상을 첫 번째 완전수인 6일 동안 창조했다고 해. 마찬가지로 세 번째 완전수 496일 동안 열 번의 파괴를 통해 세상을 재창조하려는 거야."

성찬이 자랑스럽게 설명을 마쳤다.

아이들은 경악을 금치 못했다. 하지만 아무도 성찬을 비난하지 않았다. 차분하게, 테러가 벌어질 장소까지 알아내야 했다.

노을이 다시 침착하게 물었다.

"그럼 테러 장소는? 그것도 규칙이 있는 거야?"

"사실 그것까진 나도 몰라."

"뭐야, 빨리 말해 봐. 뭐 어때? 우린 문제를 다 풀기 전에는 못 나간다니까. 이건 대단한 발견이야."

잘 구슬려 봤지만 소용없었다.

"정말이야. 장소까지는 나도 몰라. 추측을 할 수는 있는데 확실하지는 않아. 테러가 일어난 곳들은 모두 개기일식이 관측된 곳이라는 특징만 있어."

"개기일식이 28개국이나 통과했다며? 뭐 좀 더 자세히 아는 것 없어?"

성찬은 고개를 저을 뿐이었다. 정말로 모르는 눈치였다.

"피타고라스랑 관련이 있을 텐데. 첫 번째 테러는 바티칸 시국 시스티나 성당, 두 번째는 대한민국 판문점, 세 번째는 독일 베를린 장벽, 네 번째는 터키의 이슬람 과학기술역사 박물관……."

란희의 목소리에 귀를 기울이던 시은이 입을 열었다.

"피타고라스는 각각의 숫자에 의미를 부여했어."

"의미요? 우리 점 봐 준 것처럼요?"

"응. 숫자 2는 '분리와 대립'을 나타내. 우리나라는 세계에서 유일한 분단국가야. 판문점은 '분리와 대립'에 어울리지. 숫자 3은 재통합을 의미하니까 베를린이 떠오르는 게 맞아. 베를린 장벽은 통일의 상징이니까."

"1은요?"

"그건 잘 모르겠어. 1의 의미는 '창조와 신성'인데……."

"바티칸 시국의 시스티나 성당에 미켈란젤로가 그린 〈천지 창조〉가 있잖아요?"

추리가 맞아떨어지고 있었다. 이번에는 노을이 물었다.

"그럼 숫자 4는요?"

"세상을 형상화한 공간, 네 방위인 동서남북을 나타내."

시은이 의미를 설명하자 파랑이 이해했다는 듯이 말했다.

"이슬람 과학기술역사 박물관 테러에서는 '사남'이라고 하는, 인류 최초의 나침반 유물 중 하나가 전소됐어요."

"5는 결혼, '최초 생명의 원리'를 의미하는데."

시은이 단서를 주고, 아이들이 테러 장소를 떠올렸다.

"맞아요. 이란 서부에 있는 어느 마을에서 테러가 일어났어요. 성서의 에덴동산으로 추정되는 곳이에요."

파랑이 덧붙이자 란희가 물었다.

"에덴동산이 무슨 상관인데?"

"에덴동산은 인류 최초의 결혼이 이루어진 장소라고 볼 수 있으니까."

아이들은 점점 확신이 들었다. 모든 테러 장소가 피타고라스와 관련이 있었다.

"그럼 6은요?"

란희가 시은을 보며 물었다.

"숫자 6은 미와 조화, 완성을 의미해."

아이들은 막막했다. 지금까지처럼 이미 테러가 일어난 장소에 숫자를 대입하는 게 아니라, 숫자의 의미만으로 테러 장소를 유추해야 했다.

란희가 시은을 돌아보았다.

"언니, 피타고라스의 관점에서 아름답고 조화로운 게 뭘 의미할까요?"

"황금비. 미적으로 가장 아름답고 조화로운 건 황금비지."

"그럼 황금비를 갖는 어떤 곳이나 물건이 다음 테러 대상일 수도 있겠네요. 그런데 황금비를 가진 게 한두 개가 아니라서……."

무언가 잡힐 듯 잡히지 않자 더욱 답답했다. 머리를 쥐어짜는 아이들을 멀뚱멀뚱 보고 있던 성찬이 말했다.

"너무 궁금해하지 마. 어차피 곧 알 수 있을 거야. 우리가 캠프를 나가면 가장 먼저 들을 소식일 테니까."

란희가 양손을 허리에 얹은 채 말했다.

"웬만큼 다 들은 것 같으니까 쟤는 묶을까? 도망칠 곳이 없기는 하지만, 또 무슨 짓을 할지 모르니까."

성찬이 당황한 얼굴로 주변을 둘러보았다. 하지만 소용없었다. 아름과 시은은 잡아먹을 것 같은 얼굴로 성찬을 바라보고 있었다. 노을과 파랑은 한심하다는 얼굴이었다. 그나마 비빌 만해 보이는 사람이 무리수라는 게 아이러니였다.

성찬은 꽁꽁 묶인 채로 구석에 앉혀졌다. 모두들 성찬을 감시하며 추리를 시작했다.

"가장 아름다운 게 뭐지?"

란희가 궁금해하자 노을이 답했다.

"사랑?"

"장난치지 말고."

아름이도 한마디 보탰다.

"팬심? 유리수 오빠의 얼굴?"

란희는 미간을 찌푸렸다. 이 두 사람하고는 대화가 안 될 것 같았다.

"피타고라스의 관점에서 생각해야지. 황금비를 가진 것 중에서도 가장 아름다운 것."

그때 시은이 조심스럽게 입을 열었다.

"〈밀로의 비너스〉 조각상이 아닐까 싶어."

"네?"

"비너스는 세상에서 가장 아름다운 미의 여신으로 불리잖아. 무엇보다 비너스 조각상은 완벽한 황금비를 갖고 있어. 배꼽을 기준으로 상반신과 하반신의 비가 황금비인 1:1.618이고, 머리끝에서 목, 목에서 배꼽까지의 비율 역시 황금비라고 해. 또 발끝부터 무릎까지와 무릎부터 배꼽까지의 비율 역시 완벽한 황금비를 따르고 있어. 피타고라스의 관점에서 봤을 때 가장 아름답다 할 수 있어."

"그건 어디에 있어요?"

"프랑스 루브르 박물관. 프랑스 역시 개기일식이 관측된 곳 중 하나일 거야."

란희의 눈동자가 흔들렸다. 31일 루브르 박물관이라면…….

"태수가 그때 루브르 박물관에 간다고 했는데…….."

"태수가?"

반문하는 노을의 얼굴에 불안이 파도처럼 밀려왔다.

1) 테러 발생 지역

- 개기일식이 관측된 28개국 내에서 발생.
- 피타고라스가 각 수에 부여한 의미에 걸맞은 곳에서 발생.

테러 순서	숫자의 의미	장소
1	창조와 신성	시스티나 성당
2	분리와 대립	판문점
3	재통합	베를린 장벽
4	네 방위(동서남북), 대지	이슬람 과학기술역사 박물관(나침반 '사남' 소장)
5	결혼, 최초 생명의 원리	이란 서부 (에덴동산 추정 지역)
6	미와 조화, 완성	루브르 박물관?

2) 테러 발생일

- 개기일식이 일어난 날로부터 1, 2, 4, 8, 16, 31, 62, 124, 248, 496일(세 번째 완전수 496의 약수)이 지난 뒤 발생.

3) 테러 발생 시각

- 피타고라스 삼중쌍(피타고라스의 정리 $c^2 = a^2 + b^2$을 만족
시키는 세 자연수)을 이용하여 예측 가능.

- 다섯 번째 테러는 GMT 15시에 발생하였고 테러범이 남
겨 놓은 숫자는 17이었음. 15와 17이 포함된 피타고라스
삼중쌍은 (8, 15, 17)이므로 여섯 번째 테러는 GMT 8시
에 일어날 거라고 예측 가능.

완벽하게 캠프를 끝내 보자

휴대전화만 있으면 해결될 일이었다. 류건에게 연락해서 비밀을 풀었다는 걸 알리고, 태수에게 그날 루브르 박물관에 가지 말라고 언질을 주면 되는 것이다. 노을은 다시금 피피가 보고 싶었다. 그 어느 때보다도 절실하게.

상황을 따져 보던 무리수가 말했다.

"우선 캠프에 알릴 방법을 찾아보자."

란희가 바로 고개를 저었다. 마음에 걸리는 점이 있었다. 수영장 비품실에서 캠프 마크를 보고 고민하던 란희는 그 마크가 제로의 것과 비슷하다는 걸 깨달았었다.

"아니에요. 캠프에 알리는 건 생각을 좀 해 봐야겠어요. 사실은 수상한 점이 있거든요."

"수상한 점?"

"캠프 마크가 마음에 좀 걸려요. 제로라는 테러 조직이 있는데, 캠프 마크가 그 조직의 마크랑 지나칠 정도로 비슷해요."

"테러 조직의 마크를 알고 있어?"

무리수가 고개를 기울이며 물었다. 시은도 수상하게 생각하는 눈치였다. 뒤늦게야 자신의 실수를 깨달은 란희가 눈동자를 이리저리 굴렸다.

"노을이, 노을이네 집에서 봤어요. 어쩌다 노을이 아버지의 서류를 봤거든요. 그래서 알았어요. 아저씨 서재에 그런 기밀 서류가 막 굴러다니거든요."

노을이 진영진의 아들이라는 걸 새삼 깨달은 무리수와 시은은 겨우 납득한 듯했다. 눈치를 살피던 란희가 재빨리 말을 이었다.

"캠프 마크뿐만이 아니에요. 사실 캠프 자체가 엄청나게 수상하잖아요."

"맞아요. 지금까지 일어난 테러가 모두 피타고라스랑 관련이 있잖아요. 이 캠프도 피타고라스 덕후들이 만든 것 같고. 모두가 한통속일 수 있어요."

노을이 의견을 보탰다.

"그럼 규칙을 알아낸 우리까지 위험해질 수도 있겠네."

어느새 말려들고 만 무리수였다.

"어떻게 밖에 알리지?"

시은이 심각한 어조로 중얼거리자 란희가 당당하게 말했다.

"역시 방법은 하나뿐이죠. 담을 타요!"

"에엑! 그럼 탈락이잖아! 싫어!"

구석에 묶여 있던 성찬이 고개를 들며 외쳤다. 시은이 서늘한 목소리로 맞받아쳤다.

"조용히 해."

"난 반대야!"

"네 말대로 세상이 멸망하면 아이비리그도 소용없어."

"그런 문제가 아니야. 피타고라스 수학 캠프 수료는 내 꿈이었다고."

성찬이 반발하자, 시은이 노려보았다.

"리미트 콘서트도 내 꿈이었어. 바로 앞에서 오빠들의 무대를 볼 기회였다고."

아이들의 시선이 쏠리자, 시은은 뒤늦게 표정을 바꿨다.

"내 생각에도 하루빨리 밖에 알리는 게 나을 것 같아. 다음 테러 날짜와 시간, 장소를 알게 됐는데 그냥 있을 수는 없잖아."

무리수가 말했다.

아이들은 대화는 계속 이어졌다. 오랜 회의 끝에 '담을 넘자'와 '최종 미션을 풀어 보자'가 탈출 계획으로 선택되었다. 남아서 성찬을 감시할 아름을 제외한 모두가 신발을 신었다.

밖은 이미 어둠으로 뒤덮여 있었다. 아이들은 망토 자락을 여미며 씩씩하게 나아갔다. 하늘을 올려다보던 노을이 시은에게 물었다.

"모두 열 번의 테러가 발생할 거라고 했잖아요. 그럼 마지막 10의 의미는 뭐예요? 마지막이니까 거창하려나요?"

"10의 의미는 '새로운 시작'이야."

"섬뜩한데요."

작게 중얼거린 노을의 목소리가 어둠을 울렸다.

캠프장을 둘러싼 담장은 기억 속에 있던 것보다 훨씬 높았다. 성인 키의 세 배쯤은 될 것 같았다. 밟고 올라갈 만한 것을 찾아보았지만, 쓸 만한 게 없었다.

"캠프장 안에서 사다리 본 적 있어?"

무리수의 물음에 아이들은 고개를 저었다. 보물찾기를 한다며 온 캠프장을 돌아다닌 노을조차 사다리를 본 적은 없었다.

"의자나 책상으로는 안 되겠죠?"

"그런 거로는 어림도 없겠어. 생각보다 높네."

란희가 노을을 향해 손가락을 까딱거렸다. 노을이 응답하듯 쪼르르 다가오자 상큼하게 웃었다.

"앉아 봐."

"왜?"

"목마 타려고."

노을은 표정을 구겼지만, 이내 선선히 앉았다. 란희가 어깨 위에 앉자 웃차 하는 기합 소리와 함께 일어섰다.

"어때? 올라갈 수 있겠어?"

팔을 뻗어 허우적거리던 란희가 체념한 투로 대답했다.

"아니, 내려 줘."

조금도 아니고 많이 모자랐다. 담의 높이를 가늠해 보던 무리수가 말했다.

"사다리가 없으면 못 넘겠는데."

담장 앞에서 방황하던 아이들은 포기하고 돌아섰다. 사다리 비슷한 걸 가져오지 않으면 담을 넘는 건 불가능해 보였다. 걸음을 옮기던 노을이 한 가지 의견을 냈다.

"혹시 말이야. 미친 듯이 달려서 심박수가 비정상적으로 올라가면 관리자가 나타나지 않을까? 브라이트든, 사람이든."

"그다음엔?"

란희가 기대를 담아 물었다.

"제압하고 열쇠를 빼앗는 거지."

"그러다가 실패해서 대기실인지 뭔지에 갇히면?"

"그럼 망하는 거고."

"됐어. 넌 생각을 하지 마."

노을은 시무룩해졌다.

아이들이 다음으로 향한 곳은 캠프에 입소했을 때 모였던 강당이었다. 안으로 들어서자 황금관이 놓인 유리 진열장이 보였다. 정답을 맞히면 진열장 문이 열리고 황금관을 차지할 수 있다고 했다. 우승 팀이 결정되며 자동으로 캠프가 끝나는 것이다.

아이들은 강당으로 들어서자마자 각각 흩어졌다. 이제는 알아서 힌트를 찾는 일에 익숙해져 있었다. 란희가 황금관을 노려보는 사이 파랑이 정답을 입력하는 패드를 터치해 보았다. 조그마한 액정에 문제와 함께 키패드 모양의 이미지가 떠올랐다.

미션을 통해 얻은 힌트를 이용해 여섯 개의 알파벳으로 이루어진 정답을 입력하세요. 최종 미션은 한 팀당 한 번만 도전할 수 있습니다.

"알파벳?"

"뭐가 알파벳이야?"

고개를 돌린 란희 역시 화면을 보고 당황했다. 란희가 고개를 돌리며 말했다.

"다들 이리 좀 와 봐요."

흩어져 있던 노을과 시은, 무리수가 순식간에 모여들었다. 화면을 확인한 무리수가 투덜거렸다.

"힌트는 숫자로 줘 놓고, 어떻게 정답이 영어야?"

란희도 말했다.

"그러니까요. 이거 맞히라고 낸 문제 맞겠죠?"

패드를 들여다보던 파랑이 중얼거리듯이 말했다.

"암호를 푸는 건가?"

"숫자에서 알파벳으로 대응되는 규칙이 있을 거야."

무리수와 파랑이 두서없는 의견을 나누는 가운데 시은이 노트를 꺼내 들었다. 그런 뒤 표를 그리기 시작했다.

시은이 그린 표를 지켜보던 란희가 물었다.

"그건 뭐예요?"

"피타고라스는 세상 모든 것을 숫자로 표현할 수 있다고 믿었다고 했잖아. 글자도 마찬가지야. 1부터 9까지의 숫자도 알파벳으로 치환해 미래나 운명을 점치곤 했거든. 이 표가 바로 피타고라스가 사용한 '글자-숫자 치환표'야."

1	2	3	4	5	6	7	8	9
A	B	C	D	E	F	G	H	I
J	K	L	M	N	O	P	Q	R
S	T	U	V	W	X	Y	Z	

아이들이 시은의 노트 앞으로 옹기종기 모여들었다.

"이걸 대입하면 정답을 찾을 수 있는 거야?"

무리수가 말했다.

"어쩌면."

시은도 확신은 하지 못했다. 하지만 다른 풀이법은 생각나지 않았다.

"맞을 것 같아. 이 캠프 피타고라스 덕후가 만든 것 같잖아? 그럼 정답도 관련이 있겠지."

란희가 긍정적인 의견을 말하며 눈을 반짝였다. 노을이 표를 살펴보다가 시은에게 물었다.

"우리가 알아낸 힌트는 3, 6, 1, 4. 그럼 3이 나타내는 알파벳이 C, L, U 중 하나라는 거예요? 6은 F, O, X 중 하나고요?"

"그렇지 않을까? 미션을 통해 모두 여섯 개의 숫자 힌트를 얻을 수 있잖아. 총 여섯 자의 암호이니 숫자 하나당 알파벳이 하나씩 짝을 이루고 있겠지? 우리가 알 만한 단어일 테고."

눈앞에서 숫자와 알파벳이 빙글빙글 돌아가는 것 같았다. 경우의 수가 너무 많았다. 게다가 알아낸 힌트는 네 개뿐이었다.

"나머지 두 개를 알면 풀 수도 있을 것 같은데."

란희가 아쉬워하자, 무리수가 말했다.

"숫자 하나당 알파벳 세 개씩이니까, 암호 여섯 자리에 조합할 수 있는 경우의 수는 3×3×3×3×3×3 = 729가지. 경우의 수가 너무 많아. 힌트가 전부 있어도 쉽지는 않겠어."

생각이 복잡해질수록 아이들은 점점 더 초조해졌다.

"정말 이런 식으로 정답을 찾는 거라면, 정답을 맞힌 미션이 몇 개이든 다른 조는 우리보다 불리해."

란희가 고개를 기울이며 "왜요?"라고 물었다. 그러자 무리수가 당연하다는 듯이 대꾸했다.

"이 치환표를 외우고 있는 사람이 시은이 말고 또 있을까?"

"그러네요."

고심하던 무리수가 아이들을 돌아보았다.

"결국, 다른 방법을 떠올리는 수밖에는 없겠다."

아이들은 성과 없이 기숙사로 돌아가기 시작했다. 무리수와 시은이 최종 미션에 대해 이야기하며 앞서 걸어갔다. 둘이 이 사태를 해결할 방법을 찾는 중인 반면, 노을은 깽판 칠 방법을 생각하고 있었다.

'캠프를 끝낼 방법.'

골똘히 생각하며 걸음을 옮기던 노을은 문득 주변이 조용하다는 걸 깨닫고 뒤를 돌아보았다. 파랑과 란희가 속닥거리며 한 걸음 뒤에서 걸어오고 있었다. 이상하게도 다정해 보이는 모습이었다. 노을의 시선을 느낀 란희가 물었다.

"왜? 좋은 생각이라도 났어?"

노을이 목덜미를 매만지며 말했다.

"아니. 잘못해서 대기실 가게 되면 망하는 거잖아."

"사고 치는 건 네 전문이잖아."

"그랬지. 지금은 피피가 그리울 뿐이다."

란희가 어이없다는 얼굴을 했다.

"뭐래. 넌 원래 피피 없이 잘만 사고 치고 다녔잖아."

"그렇긴 하지만."

"하지만은 무슨 하지만이야. 어서 해! 피피가 없다고 사고를 못 쳤다면, 진또라이라는 네 별명은 만들어지지도 않았어."

란희가 손가락질을 하며 분노를 터뜨렸다. 갑자기 노을의 뒤치다꺼리를 해 온 날들이 주마등처럼 스쳐 지나갔다.

"그, 그런가?"

"응."

단호한 대답이었다.

생각해 보니 란희의 말이 맞았다. 피피를 만난 지 아직 1년도 되지 않았다. 그 전에는 모두 혼자 해결해 왔었다. 피피를 만난 이후로 얼마나 의존적으로 변했는지 느껴지는 순간이었다.

"그래! 해 보자!"

노을은 집중해서 캠프를 끝장낼 아이디어를 떠올렸다. 처음부터 다시 생각해 보기로 한 노을은 캠프 규칙부터 떠올렸다. 한동안 고심하던 노을이 손뼉을 쳤다.

"이거다!"

눈동자에 순간적으로 총기가 어렸다.

"뭐가 이거야?"

란희가 묻자, 노을이 씩 웃었다.

"평화적인 방법과 평화적이지 않은 방법이 있어."

평화적인 방법과 평화적이지 않은 방법

D팀이 사용하던 기숙사 1층에 캠프 참가자들이 하나둘씩 모였다. 모두가 모이자 노을이 거실 한가운데에 서서 성찬의 모방 범죄와 테러에 대한 긴 이야기를 시작했다. 처음에는 웅성거리던 아이들도 이내 노을의 이야기에 집중했다.

"…그렇게 된 거야. 그러니까 다음 테러가 일어나는 날은 31일이 확실해. 장소는 루브르 박물관일 확률이 아주 높고."

아이들이 속닥거리기 시작했다. 작게 시작된 웅성거림이 조금씩 커져 갔다. 소란이 무르익었을 때 노을이 다짐하듯이 말했다.

"우리가 밖에 나가서 알려야 해."

이야기를 마무리한 노을이 분위기를 살피며 주위를 둘러보았다. 지석이 날카로운 목소리로 말했다.

"그 핑계 대고 미션 힌트라도 알려 달라는 거야? 머리만 나쁜 줄 알았는데 양심도 없네."

지석의 도발에도 노을은 꿋꿋했다. 그 정도는 이미 예상한 바였다.

"미션을 해결해서 캠프를 종료하고 나가면 늦을 수도 있어. 하루라도 빨리 나가서 테러를 막아야 해."

노을의 이야기를 경청하던 민서가 물었다.

"그럼 어떻게 하자는 거야?"

A팀이 모여 있는 곳 맨 앞에 앉아 있던 무리수가 대답했다.

"한마디로 캠프를 포기하자는 거지."

무리수는 팔을 쭉 뻗었다. 그러자 소매 속에 있던 팔찌가 드러났다.

"이 팔찌를 전부 끊는 거야. 모두가 탈락하면 캠프는 중단될 수밖에 없어. 미래가 걸려 있는 만큼 모두의 동의를 얻고 싶어."

이게 노을이 생각해 낸 평화적인 방법이었다. 모두가 자진해서 캠프를 포기하는 것이다. 하지만 지석과 함께 다니던 B팀 아이가 바로 반발했다.

"미쳤어? 끝내고 싶으면 A팀이나 나가."

"나갈 방법이 있으면 알려 줘도 돼."

무리수가 팔짱을 낀 채 말했다. 이조차 예상한 바였다.

"우리가 알 바 아니잖아?"

"맞아."

B팀의 태도에 분위기가 조금씩 험악해졌다. B팀과 달리 C팀은 상당히 동요하고 있었다. 노을의 이야기를 곱씹어 보던 민서가 말했다.

"가능성은 있는 이야기인 것 같은데……."

옆에 있던 랑이도 중얼거렸다.

"정말 테러를 막을 수 있다면, 캠프를 포기하는 게 맞긴 하겠지?"

C팀 아이들은 주저하면서 지석이를 포함한 B팀을 바라보았다. 어차피 B팀이 포기하지 않으면 캠프는 이어진다. 괜히 우승만 양보한 꼴이 될 것이다.

돌아가는 분위기를 읽은 란희가 방향 전환을 시도했다. B팀을 설득해야만 평화로운 방법으로 캠프를 나갈 수 있었다.

"지석아, 태수 31일에 루브르 박물관에 간다는 건 알고 있지?"

잠시 움찔거린 지석이 고개를 쳐들며 대꾸했다.

"그래서?"

"너희 둘 친구 아니야?"

"31일에 테러가 일어날 수도 있지. 하지만 너희 말대로라면 루브르 박물관이 아닐 수도 있잖아. 확실하지도 않은데 왜 벌써부터 걱정을 해? 괜한 영웅 심리로 경솔하게 움직이고 싶지는 않은

데?"

란희의 미간이 조금씩 찌푸려졌다.

"너 배고팠니?"

"그게 무슨 소리야?"

"인성을 완벽하게 말아먹었길래."

발끈하려던 지석은 C팀 아이들의 시선 역시 다르지 않다는 걸 깨달았다.

"이제 알았냐? 그러니까 너희가 재주껏 나가서 알리라고. 나는 캠프 우승할 거니까."

"그래. 말 섞으면 내 입만 아프지. 말한다고 알아들을 것도 아니고."

깐죽거리는 지석에게서 고개를 돌린 란희가 민서에게 물었다.

"C팀도 그렇게 생각해?"

"우리는 고민 좀 해 볼게."

"너희는 고민해라. 우린 시간 아깝다."

지석이 B팀을 선동해서 떠나려는 듯한 움직임을 보이자 무리수가 막아섰다.

"기다려 봐."

"싫어요. 형이 뭔데 기다려라 마라예요?"

순식간에 싸늘해진 분위기에 아이들의 시선이 그 둘에게 집중되었다. 무리수는 지석을 비롯한 B팀 아이들이 한심해 보였다.

"아이비리그고 뭐고 다 좋은데, 먼저 사람이 되어야 하지 않겠냐."

"됐어요. 형이나 팔찌 떼고 영웅 놀이 하든가요."

"정말 그래도 괜찮겠어? 이대로 남아서 우승한다고 쳐. 태수인가 하는 애가 친구라는 것 같던데, 루브르 박물관에서 테러가 일어나도 괜찮겠냐는 거야. 너한테는 친구가 그런 거야?"

"테러가 안 일어나면 어쩔 거예요? 형이 책임질 거예요? 자기는 잘나가는 아이돌이라 상관없다 이거죠? 이걸로 이슈 몰이 해보겠다는 계산 아니에요?"

가만히 듣고 있던 랑이가 발끈했다.

"어차피 지금 1등은 우리 조야. 네가 왜 그런 말을 하는지 모르겠다."

"결국은 우리가 1등을 할 거였어!"

실랑이하는 걸 듣던 민서가 아이들과 이야기를 마치고는 앞으로 나섰다.

"망설였는데, 쟤들이랑 같은 수준으로 떨어지고 싶지는 않아서."

민서가 보란 듯이 팔찌를 끊었다. 그걸 시작으로 다른 C팀 아이들도 전부 팔찌를 끊기 시작했다. 갑작스러운 행동에 오히려 노을 일행이 당황할 정도였다. 질세라 자신들의 팔찌를 끊은 노을 일행을 바라보던 지석이 큰 소리로 웃었다.

"바보냐? 이제 우리가 우승이야."

의기양양해진 B팀은 팔찌를 끊어 버린 다른 팀 아이들을 비웃었다.

노을이 두 번째 방법으로 넘어가야겠다고 결심했을 때였다. 아름과 랑이가 시선을 주고받았다. 그러고는 누가 먼저라고 할 것도 없이 지석에게 성큼성큼 다가갔다.

"뭐? 왜?"

둘은 대답 대신 지석의 팔을 잡아끌었다.

"뭐야! 꺼져!"

지석은 격렬하게 저항하며 팔을 뿌리치려 했다. 하지만 랑이와 아름의 공세는 막강했다.

"이리 와!"

셋이 뒤엉키며 실랑이가 이어졌다. 지석이 격렬하게 저항했지만 소용없었다. 랑이가 지석의 팔을 붙든 사이, 아름이 팔찌를 있는 힘껏 끊어 버렸다.

"안돼애애애애애."

지석의 고함이 거실을 울렸다.

"이건 무효야아아아."

B팀의 다른 팀원들은 당황하면서도 자기 팔찌가 무사하단 사실에 안도하는 것 같았다. B팀 팀원들이 슬쩍 팔을 숨기는 모습을 지켜보던 노을이 말했다.

"다들 잊고 있는 것 같은데요. 조에서 한 명이라도 탈락하면 전원 탈락입니다."

노을이 생각해 낸 평화적이지 않은 방법은 바로 이것이었다.

끝내야 할 때

검은색 승용차 한 대가 구불구불한 언덕길을 올랐다. 운전석에 앉은 김연주가 작게 한숨을 내쉬었다. 도로 곳곳이 얼어 있어서 속도를 낼 수가 없었다. 느릿느릿 오르막길을 오르다 보니 예상 도착 시각을 한참이나 지나 있었다.

"해 지면 내려오기 힘들겠는데."

구불구불한 길도 문제지만, 제대로 된 가로등도 하나 없었다. 중간에 사람이 살 만한 곳도 보이지 않으니 고립되기 딱 좋은 조건이었다.

옆자리에서 시간을 확인한 류건이 말했다.

"아직은 괜찮아. 오늘 안에 본부로 복귀할 수 있을 거야."

"이게 잘하는 짓일까?"

"피피가 도움이 될지도 모르잖아. 아니, 도움이 될 거야."

사실 류건은 지푸라기라도 잡아 보자는 심정이었다.

마지막 테러가 일어나고 열흘 넘게 아무런 일도 일어나지 않았다. 2~3일에 한 번씩 일어나던 테러가 주춤하자 수사본부는 테러가 소강상태에 이르렀다고 판단했다. 그 때문에 전 세계에 흩어진 국가 단위 요원들은 다음 테러를 대비하기보다는 범인을 찾는 일에 주력하고 있었다.

하지만 김연주와 류건의 생각은 달랐다. 정혜연의 반응을 봤을 때 이대로 끝날 것 같지 않았다.

"도움이 되면 좋겠다."

김연주가 짧게 읊조리며 다시 운전에 집중했다.

한 시간을 더 구불구불한 길을 오르다 보니 높은 담장으로 둘러싸인 캠프가 보였다. 그곳을 지나쳐 조금 더 올라가자 버스 한 대가 주차된 산장이 나왔다.

버스 옆에 나란히 주차한 류건과 김연주가 산장을 향해 걸어 갔다. 오래된 산장은 을씨년스러운 분위기를 풍겼다.

"계십니까?"

류건이 목소리를 높이자 신준한이 문을 열고 나왔다.

"누구시죠?"

"안녕하십니까. 연락드렸던 국제 수사본부의 류건입니다."

"아, 들어오세요."

신준한은 흔쾌히 류건과 김연주를 안으로 들였다.

류건의 눈에 가장 먼저 들어온 것은 커다란 컴퓨터였다. 그 앞에 앉아 있던 남자가 고개를 들었다.

방문객인 류건과 김연주를 향해 살짝 고개 숙여 인사한 그는 다시 모니터로 시선을 돌렸다. 그가 보고 있는 화면에는 무언가를 측정한 데이터가 빼곡하게 기록되어 있었다. 류건은 화면을 빠르게 훑어보았다.

'인공지능 테스트?'

조악하긴 했지만, 인공지능 프로그램의 테스트 자료였다. 천천히 시선을 돌린 류건은 산장 내부를 살펴보았다. 복층 구성의 산장은 거주가 가능한 형태로 꾸며져 있었다. 1층은 사무 공간, 2층은 주거 공간이었다.

"딱히 갖춰 놓은 게 없습니다. 이쪽으로 앉으시죠."

신준한이 둘을 안쪽 방으로 이끌었다. 안쪽 방은 응접실처럼 꾸며져 있었다. 류건과 김연주가 소파에 앉자, 그는 커피가 담긴 종이컵 두 잔을 내밀었다.

김연주는 본론부터 꺼냈다.

"아이들을 만나 보고 싶습니다."

"통화하면서 말씀드렸지만, 캠프 규칙에 어긋납니다. 며칠만 기다리시면 캠프가 종료될 겁니다."

친절한 거절에 김연주가 발끈해서 말했다.

"협조 공문이 도착했을 텐데요."

"의무는 아니지 않습니까? 캠프가 끝나면 충분히 협조할 예정입니다만."

의뭉스러운 말투에 류건의 미간이 찌푸려졌다.

"캠프 자체를 중단하라는 말이 아닙니다. 여러 명이 곤란하다면, 진노을 학생만 불러 주시면 된다는 겁니다. 아, 진노을 학생의 스마트폰도 필요합니다. 캠프 반입이 안 된다고 하셨으니 따로 보관하고 계시겠죠?"

"스마트폰은 보관하고 있습니다만, 학생을 불러 드리는 건 불가능합니다."

"그게 '불가능'하기까지 한 이유를 모르겠네요."

김연주가 불쾌한 감정을 한껏 담아 생긋 웃었다. 목덜미가 서늘해지는 느낌이었지만, 신준한은 태연하게 답했다.

"캠프 안에는 관리 인력이 없습니다."

관리 인력이 없다는 말에 김연주가 눈을 치켜떴다.

"그럼 지금 캠프장에 아이들만 있다는 뜻이에요?"

"캠프장 내부는 첨단 AI가 완벽하게 관리하고 있습니다."

"그 말이 그 말이잖아요. 캠프 안에 어른이 없다는 것 아니에요?"

"그렇습니다."

김연주는 두통이 생길 것 같았다. 손으로 이마를 짚으며 돌아보자 류건 역시 비슷한 포즈를 취하고 있었다.

"캠프장을 제대로 관리할 수 없을 텐데요. 하다못해 아이들 급식 문제도 있잖아요."

"식사는 외부에서 만들어서 전용 드론으로 수송합니다. 식사가 도착하면 세팅은 로봇이 진행하고요. 청소는 물론, 단순한 시설 관리 차원을 넘어 아이들의 건강 상태도 체크하고 있습니다. 모든 게 완벽합니다."

자부심마저 느껴지는 설명이었다.

하지만 김연주와 류건은 그가 미심쩍었다. 둘은 짧은 시간이지만 아이들을 가르쳐 보았다. 순해 보이던 아이들도 잠깐 시선을 돌리면 대형 사고를 치고는 했다. 그 나이대의 아이들은 어디로 튈지 모르는 공 같은 존재였다.

"그러다가 불의의 사고라도 생기면 어쩌려고요?"

신준한은 쓸데없는 걱정이라는 듯이 설명을 시작했다.

"우선 이 캠프에 대해 설명해야겠군요. 피타고라스 수학 캠프는 50년의 역사를 가지고 있습니다. 그동안 우리는 적지 않은 발전을 이룩해 왔죠. 20년 전, 캠프 관리를 담당할 AI가 처음 개발되었습니다. 우리는 개발을 거듭해서 AI가 관리하는 공간을 창조해 냈습니다. AI가 완벽하다는 확신이 선 뒤에도 10년간은 관리자가 캠프에 상주했지요. 혹시 문제가 발생했을 때를 대비해서였지만, 그 10년간 아무런 문제점도 발견되지 않았습니다."

그는 이어 서류 뭉치를 내밀었다. 김연주가 먼저 그 자료를 훑어보았다. 자료는 AI 테스트 결과를 기록해 놓은 것이었다. 기록대로라면 특별한 문제는 없었다.

적어도 작년까지는.

문제가 있다면, 올해는 말썽꾸러기들이 입소했다는 것이다. 김연주가 본 자료에는 노을, 란희, 파랑, 아름이라는 변수가 포함되어 있지 않았다.

"하아……."

이미 문제가 시작되었을 것 같다는 강렬하고도 불길한 예감이 들었다. 자신의 예감을 설명할 길이 없는 김연주는 다시 이마를 매만졌다.

반응이 시원치 않자, 신준한이 헛기침을 하며 다시 설명했다.

"흠, 흠. 올해부터 AI가 모든 관리를 맡게 되었습니다. 관리자가 상주하지 않는 첫 번째 캠프인 만큼 이번 데이터는 우리에게 아주 중요합니다. 보시죠."

그가 리모컨 스위치를 누르자, 벽면에 붙은 소방함처럼 보이던 덮개가 올라가며 동글동글한 디자인의 로봇이 나타났다.

김연주와 류건은 로봇을 보고 나서야 놀란 얼굴을 했다. 'AI'라는 말에 피피를 떠올렸기 때문에 신준한이 말하는 AI가 로봇이라는 구체적인 형태를 띠고 있을 거라고는 생각하지 못했다. 그런데 캠프 관리용이라고 하기에는 영 작고 부실해 보였다.

둘이 당황하는 것을 보고 오해한 신준한이 뿌듯한 얼굴로 리모컨을 누르며 말했다.

"브라이트, 지금 캠프장 상황을 말해 줘."

머리 부분의 푸른 등이 점멸하더니 목소리가 흘러나왔다.

"미션 진행률 73퍼센트, 선두는 C팀입니다. 스물한 명 전원 생체반응 이상 없습니다. 기숙사에 남아 있는 인원 0명, 청소 91퍼센트 완료되었습니다."

피피와는 확연히 비교되는 AI였다. 입력된 내용을 출력하는 형태로만 반응하고 있는 것 같았다.

"기술은 이만큼이나 발전했습니다. 콤팩트한 사이즈의 브라이트는 캠프장의 내의 모든 공간을 눈에 띄지 않는 비밀 통로를 통해 이동합니다. 팔찌로 아이들의 위치를 파악하기 때문에 눈에 띄지 않는 움직임이 가능합니다. 아이들이 기숙사를 나가면 브라이트와 연결된 로봇청소기 4기가 각 객실을 청소하고 수송용 로봇이 빨랫감을 수거하는 형태입니다."

김연주는 팔짱을 낀 채 신준한을 바라보았다. 피피 개발자 앞에서 주름잡는 모습이라니, 가소롭게 느껴지기도 했다.

"그래요, 관리는 문제없다고 쳐요. 그렇다면 더더욱 학생 한 명 불러내는 게 어려운 일은 아닐 텐데요. 오래 걸리지도 않을 겁니다. 10분이면 충분해요."

"캠프 입구가 닫혀 있습니다. 캠프가 완료될 때에만 문이 열리도록 프로그래밍되어 있습니다. 이건 50년간 내려온 캠프의 전통입니다. 아이들의 안전을 위한 것이기도 하고요. 캠프장 안은 완벽하게 관리되고 있습니다. 캠프 밖으로 나오지만 않는다면 안전합니다."

신준한은 호언장담했다. 하지만 류건과 김연주는 이미 안에서 벌어지고 있을 상황을 상상해 버리고 말았다. 류건은 노을이 관리자 AI를 해킹했을 가능성을 점쳐 보았고, 김연주는 란희가 다른 참가자에게 폭력을 행사하는 장면을 떠올려 보았다. 캠프 참가자 중에는 지석도 포함되어 있었다. 무언가 문제 하나쯤은 만들어 낼 아이들이었다.

두 사람이 서로를 마주 보았다.

'이건 100퍼센트인데.'

김연주는 산장 아래로 내려다보이는 캠프장을 응시했다. 울창한 나무들이 군락을 이루고 있어서 시설은 잘 보이지 않았다. 김연주는 작게 한숨을 쉬며 물었다.

"그래서 캠프는 언제 끝난다는 거죠?"

"캠프 기간이 다 되거나 모든 문제를 해결하는 조가 나오면 종료됩니다. 국내 사례만 놓고 보면 지금까지 정답을 맞히고 나온건 단 세 차례뿐이었습니다."

"캠프 수준이 높은 건가요?"

"단순히 수학을 잘하기만 해서는 해결할 수 없습니다. 그 때문인지 유독 국내에서만 우승 팀이 잘 나오지 않는 편입니다. 올해는 빠른 속도로 해결하고 있는 조가 있어서 기대하고 있습니다만."

신준한이 흐뭇한 얼굴을 했다.

작게 한숨을 쉰 김연주는 다시 자료를 읽었다. 마지막 페이지를 살펴보던 김연주의 얼굴이 딱딱하게 굳었다. 천천히 자료를 내려놓은 김연주는 코트 안주머니에 손을 집어넣었다. 안주머니에는 항상 가지고 다니는 권총이 들어 있었다.

김연주는 침착하게 총을 꺼내어 신준한에게 겨누었다. 갑작스러운 위협에 당황한 신준한이 반사적으로 양손을 위로 올렸다.

"뭡니까, 이건."

한 손에 총을 든 김연주가 다른 손으로 자료의 마지막 페이지를 들어 보이며 말했다. 마지막 페이지에는 큼지막하게 캠프 마크가 인쇄되어 있었다.

"제로랑 무슨 사이지?"

김연주는 더는 존댓말을 하지 않았다.

"…제로요?"

"솔직히 말하는 게 좋을 거야. 내가 인내심이 좀 없거든."

생긋 웃은 김연주가 눈과 손에 힘을 주었다. 신준한은 놀랐으나 무언가를 알고 있는 눈치였다.

"제로를 왜 찾으시는 겁니까?"

"왜일까?"

눈동자를 굴리던 신준한은 그들이 테러 수사본부 소속이라는 사실을 떠올렸다.

"설마 이번에 일어난 테러, 제로의 짓입니까?"

"관계부터 말해."

침을 꼴깍 삼킨 신준한이 입을 열었다.

"피타고라스 학파에서 파생된 단체가 여럿 있습니다. 그중 하나는 우리고요. 다른 단체 중에 제로도 포함되어 있습니다."

"제로가 피타고라스 학파에서 떨어져 나왔다고?"

"제로는 학파 내에서도 급진적인 이들이 모여 만든 단체입니다."

"어쩐지 사람을 1호, 2호 이따위로 막 부르더라니."

김연주가 혀를 쯧 찼다. 하지만 총구를 내리지는 않았다. 신준한의 말에 맞장구를 쳐 주고는 있지만, 그의 말을 완전히 믿는 것은 아니었다.

"정말입니다. 우리는 오히려 제로와 반대되는 입장입니다. 무리수의 존재를 인정하고, 지난 잘못을 반복하지 않으려 노력하고 있습니다. 캠프도 그런 취지로 만들어졌고요."

김연주가 계속해 보라는 듯이 고개를 끄덕였다. 그때 문이 열리더니 모니터를 보고 있던 남자가 들어왔다. 무언가 말을 하려던 남자는 총을 겨눈 김연주를 발견하고는 굳어 버렸다.

"아, 어, 그게……."

김연주가 그를 향해 말했다.

"무슨 일이죠? 빨리 말하는 게 좋을 거예요. 아니면 내 손가락이 움직일 것 같으니까."

"캠프가 종료되었습니다."

"벌써? 우승 팀은?"

신준한이 믿을 수 없다는 듯 물었다. 그의 시선이 벽에 걸린 달력에 닿았다. 세계적으로도 찾아보기 힘든 대기록이었다. 현재 상황을 잊었는지 얼굴에 벅찬 감동이 차올랐다. 하지만 이어지는 남자의 말로 인해 그의 기쁨은 산산조각 났다.

"저… 우승 팀이 없어요. 전부 탈락입니다."

"…그게 무슨 말이야?"

"팔찌가 끊어졌어요. 남은 세 개 조 전부요. 다들 숙소에서 짐을 싸기 시작했습니다."

신준한의 입이 떡 벌어졌다. 겨누고 있던 총을 내린 김연주가 말했다.

"마침 캠프가 끝났다니 다행이네요. 소속원 모두 조사를 받으셔야 합니다. 제로와 관련이 없다는 게 증명되어야 할 겁니다. 그럼, 이제 아이들을 볼 수 있는 거죠?"

"…그렇긴, 하죠."

신준한은 넋을 잃은 듯한 모습이었다.

캠프가 종료되었다는 방송을 들은 아이들은 짐을 챙겨 정문으로 향했다. D팀도 그제야 모습을 드러냈다. D팀은 탈락자 대기실에 있었다고 했다. 온갖 먹을거리와 VR 게임이 있어서 미션을 진행할 때보다 더 좋았다고 자랑했다.

A팀과 C팀의 분위기는 괜찮았다. 하지만 B팀의 분위기는 말이 아니었다. B팀의 팀원들은 모두가 원망하는 눈초리로 지석을 바라보고 있었다.

맨 앞에서 걷던 란희가 곤란해하는 지석을 돌아보며 픽 웃었다. 지석은 그런 란희를 노려보며 이를 갈았지만 그뿐이었다. 평소처럼 시비도 걸지 않고 땅만 보며 걸었다. 얼굴이 붉으락푸르락했다.

삼삼오오 모여 걷다 보니 금방 정문에 도착했다. 문밖에는 버스가 대기 중이었다. 아이들은 탈출이라도 하는 것처럼 다 열리지도 않은 문틈을 비집고 정문 밖으로 나갔다.

가장 먼저 밖으로 나온 노을이 버스에서 내리는 사람을 보고 큰 소리로 외쳤다.

"스마트폰 주세요!"

외치고 보니 뭔가 이상했다. 버스에서 내린 사람은 신준한이 아니었다.

"목청 한번 크네."

버스에서 내린 류건이 반가워하는 목소리로 말했다.

"어?"

노을이 당황하는 사이 뒤따라 나온 란희가 우다다 달려와서 뒤이어 내린 김연주에게 폭 안겼다.

"샘! 다음 테러는 31일이에요!"

"뭐?"

김연주의 눈이 동그래졌다. 덩달아 류건도 놀란 눈으로 란희를 돌아보았다.

"피타고라스가, 삼중쌍인데, 제로가요, 그러니까 막 계산을 하면요……."

"테러 수사의 첫 단추부터 잘못 끼웠어요."

횡설수설하는 란희를 대신해서 파랑이 상황을 천천히 설명하기 시작했다.

뒤이어 나온 아름 역시 오도도 달려가 김연주에게 안겼다. 꽁꽁 묶인 성찬을 끌고 나온 시은과 무리수만이 돌아가는 상황을 이해하지 못하고 눈을 깜박일 뿐이었다.

파랑이 설명을 끝내자 김연주는 휴대전화로 어딘가에 전화를 걸었다. 김연주가 무언가를 지시하는 동안 류건은 노을의 머리를 헝클어뜨렸다.

"대단하네. 또 너희들이 한 건 했구나."

"아, 샘. 머리 망가져요. 사실 저도 대단했다고 생각해요. 헤헷.

근데 다 같이 했어요. 특히 저 누나의 도움이 컸어요. 아니, 모두의 도움이었어요. 한 명이라도 없었으면 문제를 해결하지 못했을 거예요."

류건이 노을을 기특하다는 듯이 바라보았다. 역시 아이들은 훌쩍 커 버리는 모양이었다.

"스마트폰도 못 가지고 들어갔다면서. 피피 없이도 잘했네."

"이제 테러범 잡을 수 있는 거죠?"

"31일이 맞다면 잡을 수 있겠지. 아니, 잡아야지."

노을이 기대를 담아 물었다.

"저희도 따라가나요?"

"무슨 소리야? 너희들은 집으로 돌아가야지."

"왜요? 우리도 범인 잡는 거 보고 싶어요."

류건이 평소와는 달리 정색하며 말했다.

"얌전히 돌아가 있어. 아무래도 이번 일의 뒤에 제로가 있는 것 같아."

"제로요? 이제 국제적으로 나쁜 짓을 하기로 했대요?"

"그러게나 말이다."

류건이 골치가 아프다는 듯이 미간을 찌푸렸다. 노을은 뒤쪽에서 아이들을 버스에 태우는 신준한을 은근히 살폈다.

"그런데요, 샘! 여기 캠프가 좀 수상해요. 마크도 제로 거랑 비슷하고요. 우리를 가둬 놨었다고요."

노을은 류건에게 모든 걸 이르기 시작했다. 노을의 목소리를 들은 신준한이 당황하며 돌아보았다.

"가둔 게 아니라 보호 차원에서 단속한 것뿐입니다."

"보호라고요? 무리수 형이 다쳤는데 아무런 조치도 취해 주지 않았잖아요!"

"부상자가 있었습니까?"

신준한이 눈에 띄게 놀랐다.

"발이 다쳤어요. 이 팔찌, 사소한 상처에는 반응하지 않는 것 같던데요. 피도 꽤 났는데."

"흠, 흠. 그 부분은 보완하도록 하겠습니다. 그동안 외상 환자가 나온 적이 없어서 미처 체크하지 못했습니다."

"그리고요. 팀별로 문제가 다른 것 같기는 한데, 매년 정답은 같은 거죠?"

"그걸 어떻게……."

"기숙사 벽에 힌트가 적혀 있더라고요."

대수롭지 않게 말한 노을이 해죽 웃었다.

"힌트가……."

"네, 덕분에 미션도 하나 해결했어요."

신준한의 얼굴이 하얗게 탈색되었다.

4장

파리의 아이들

파리에 갈 수 있을까

버스는 Y대학교 체육관 앞에 멈춰 섰다. 버스에서 내린 아이들은 강당으로 달려가서 자기 짐을 찾기 시작했다. 화물차에 실려 먼저 도착한 짐 가운데에서 가장 먼저 자신의 트렁크를 찾아 낸 사람은 란희였다.

"캠프복을 입는 줄 알았으면 이렇게 짐을 바리바리 싸 들고 오지 않았을 텐데."

고르고 골라서 담아 온 옷을 고스란히 들고 돌아가야 한다니 아쉬웠다. 노을과 파랑, 아름도 자신의 가방을 찾아 챙겼다. 다음에는 차례로 소지품을 돌려받았다.

소지품을 건네주는 신준한의 얼굴은 아직도 창백했다. 오랫동

안 준비한 프로젝트가 폐기될 위기에 처했기 때문이었다. 알고 보니 마지막 낙서 역시 최종 정답과 관련이 있었다.

마지막 낙서의 내용은 '밥 많이 먹고 힘내. 여기 식당 밥 맛있더라'였다. 캠프 최종 미션의 정답은 코스모스(cosmos). 식당 건물의 이름이기도 했다.

시은이 예상했던 대로 여섯 개의 숫자 힌트를 모두 모아서 '글자-숫자 치환표'로 조합하면 정답을 알 수 있게 되는 것이다. A팀이 알아냈던 3, 6, 1, 4는 3→C, 6→O, 1→S, 4→M으로 대응된다. 나머지 두 개의 힌트는 6→O, 1→S였다.

코스모스는 꽃 이름이기도 하지만, 동시에 우주라는 뜻도 가지고 있다. 시은은 우주에 '질서'라는 의미를 가진 코스모스(cosmos)라는 이름을 붙인 사람이 피타고라스임을 아이들에게 알려 주었다.

상황을 확인한 신준한이 좌절하는 건 당연했다.

그동안 얼마나 많은 반칙이 일어났는지도 집계되지 않는 상황이었다. 그래도 프로젝트 폐지라니, 노을은 죄책감을 느꼈다.

아주 사소한.

A팀과 C팀, D팀 아이들은 캠프를 함께 보낸 팀원들과 작별 인사를 나누기 시작했다. 2주가 채 안 되는 시간 동안이었지만, 온종일 붙어 있었던 탓에 제법 가까워진 상태였다.

반면 B팀은 소지품을 받자마자 인사도 없이 흩어졌다. 지석만

6개의 숫자 힌트 : 3, 6, 1, 4, 6, 1

3 → C	6 → O
1 → S	4 → M
6 → O	1 → S
최종 미션의 정답 : COSMOS	

피타고라스는 우주가 거대한 악기와 같은 구조로 완벽한 조화를 이루며 무질서 속에서 질서로 나아가고 있다고 믿었다. 그는 우주에 질서, 조화 등을 의미하는 코스모스(cosmos)라는 이름을 붙였다.

이 덩그러니 남아 있었다. 지석은 노을 일행을 째려보더니 이내 떠났다.

지석의 뒷모습을 바라보던 무리수가 노을의 어깨를 두드리며 말했다.

"일단 네 친구의 비밀은 지켜 줄게."

"저, 정말요?"

노을의 눈이 초롱초롱하게 빛났다.

"그래. 네 친구한테도 걱정하지 말라고 전해."

"고마워요, 형. 저 오늘부터 입덕할게요! 팬클럽부터 가입할까요?"

"됐다. 마음에도 없는 소리는."

데헷 하고 웃은 노을이 란희를 돌아보았다. 란희와 파랑, 아름은 시은과 작별 인사를 나누고 있었다.

"언니이이, 보고 싶을 거야. 연락해요."

"그래요, 언니. 우리 다음 콘서트는 같이 가요."

아름이 기습적으로 제안하자, 시은의 입가에 미미한 웃음이 걸렸다.

"그럴까."

"네, 그래요. 같이 가요. 무리수 오빠를 털면 돼요. 설마 티켓 몇 장 안 나오겠어요?"

사악하게 웃은 란희였다. 작게 고개를 끄덕인 시은이 마음에 걸리던 것을 물었다.

"성찬이는 어떻게 될까? 아까 성찬이를 데려간 분들은 누구야?"

"아, 이번 테러를 조사하는 분들이에요."

"그런 분들을 어떻게 알고 있는 거야?"

"우리 학교 선생님이셨거든요."

"응?"

혼란스러워하는 시은을 보며 씩 웃은 란희는 무리수에게도 손을 흔들었다.

"아침마다 오빠 얼굴 보는 즐거움이 컸는데 아쉽네요."

무리수는 키득거리며 웃었다. 지켜보는 재미가 있었는데 이대로 헤어지자니 아쉬운 기분도 들었다. 무리수는 힐긋 파랑을 보았다. 무슨 일이 있었는지 란희와 파랑의 사이가 몽글몽글해진 상태였다.

'뭐, 오늘이 끝은 아니니까.'

"콘서트 일정이 다시 나올 거야. 티켓 보내 줄 테니까 다 같이 와."

"진짜죠? 그럼 콘서트 때 다시 보겠네요."

란희가 물개 박수를 쳤다. 아름과 시은도 내심 기쁜 듯 얼굴을 붉혔다.

"그 전에 볼 수도 있지. 가야겠다."

의미심장한 말을 남긴 무리수가 먼저 손을 흔들며 멀어졌다. 하얀색 밴이 근처에 주차되어 있었다. 밴에 오른 무리수는 캠퍼스를 빠져나갔다. 시은도 아이들에게 인사하고는 반대쪽으로 움직였다.

"이상했지만, 재미있었던 것 같아."

노을의 소감이었다. 란희도 공감한다는 듯이 고개를 주억거리다가 무언가를 떠올렸다.

"맞아. 그런데 지석이 자식 왜 조용히 간 거지? 시비 걸고 갈 줄 알았는데."

아름이 입을 삐죽거리더니 말했다.

"지석이, 팔찌 끊겨 준 거야."

"뭐?"

"피하려면 피할 수 있었어. 좀 반항하는 척하더니 슬쩍 손목을 내밀더라고."

"바보."

"하여간 못 말린다니깐."

노을은 무리수와 시은이 사라지자마자 스마트폰부터 켰다. 스마일 아이콘을 터치하기도 전에 피피가 화면에 떠올랐다.

"딩동. 안녕, 노을."

피피의 목소리에 노을은 감격한 듯했다.

"안녕, 피피. 보고 싶었어."

"캠프 종료 날짜보다 빨리 나왔네."

주저하던 노을이 말했다.

"피피야, 나 할 말이 있어."

"말해 봐. 뭘 도와줄까?"

피피가 바로 답했다. 그 대답이 노을의 죄책감에 불을 지폈다.

"미안해."

"미안하다는 말은 잘못한 상대에게 하는 거야."

"응. 내가 너한테 잘못했거든. 내가 해야 하는 일들을 너한테 떠넘겼던 것 같아. 게다가 친구라면서 하면 안 되는 일까지 부탁했던 것 같고. 앞으로는 안 그럴게."

스마트폰을 들고 눈물이라도 쏟을 듯한 노을을 내버려 두고 란희와 파랑, 아름은 먼저 걸어갔다. 스마트폰을 향해 석고대죄라도 할 것 같았다.

"애절하네! 애절해."

란희가 고개를 절레절레 흔들더니 휴대전화를 집어 들었다. 캠프장에서 출발할 때부터 전화를 걸었는데, 무슨 일이라도 있는지 태수는 받지 않았다.

란희가 어깨를 으쓱였다.

"안 받아. SNS에 메시지라도 남겨 봐야겠어."

"빨리 봐야 할 텐데."

아름이 걱정스레 말했다.

아이들은 집으로 가는 버스에 올랐다. 한 시간 남짓 버스를 탄 뒤 내리자 익숙한 동네가 나왔다.

"돌아왔다."

란희가 감탄하며 말했다. 노을이 옆구리를 쿡 찔렀다.

"태수한테 다시 전화해 봐."

다시 전화를 걸었지만, 태수는 여전히 받지 않았다.

"아직도 안 받아."

걱정스레 말하자, 노을이 슬쩍 운을 띄웠다.

"가 볼까?"

"어딜?"

"파리."

란희와 파랑, 아름의 눈이 휘둥그레졌다.

"어딜 가자고?"

"파리!"

노을이 다시 힘주어 말했다.

"무슨 파리를, 떡볶이집 가자는 말이랑 같은 톤으로 말해!"

란희가 버럭 소리를 질렀지만, 노을은 논리정연하게 말했다.

"우리가 파리로 가야 하는 이유는 많아. 일단, 태수랑 연락이 안 되고 있잖아. 계속 안 되다가 정말 큰일 날 수도 있으니까 직접 가서 찾아보는 게 마음이 편할 것 같아. 또 우리는 마침 캠프에서 일찍 나와서 일정에도 여유가 있고, 란희 너는 한 번도 입지 않은 새 옷이 든 가방을 들고 있어."

"그, 그렇지."

틀린 말은 하나도 없었다.

"다 같이 제로가 붙잡히는 역사적인 순간을 목격하러 가는 거야. 혹시 우리가 도움이 될지도 모르잖아. 이대로 집에 가면 또 집 밖으로 못 나갈 거 아니야."

아름이 홀린 듯이 입을 열었다.

"엄빠가 허락해 주지 않으실 텐데."

"무슨 소리야? 당연히 몰래 가야지."

노을은 당당했다.

"몰래?"

"그래, 몰래. 살짝 갔다가 오는 거야."

란희와 아름은 이미 반쯤 넘어간 얼굴이었다. 둘은 속으로 스스로를 설득하고 있었다. 노을의 말대로 제로가 붙잡히는 순간을 보고 싶기도 했다. 게다가 파리라니. 악마의 속삭임이라는 걸 알면서도 거부할 수가 없었다.

"그, 그럴까? 티켓은 통장 헐면 되니까……."

먼저 넘어간 건 란희였다. 마침 '수학 천재 진노을' 건으로 통장이 빵빵해져 있었다. 거기에다, 콘서트 주최 측에서 보험을 들어 두었는지 티켓값은 물론이고 보상금까지 들어온 상태였다. 네 명의 여행 경비 정도는 댈 수 있을 것 같았다.

"그럼 우리 정말 파리에 가?"

아름이까지 완전히 넘어온 것을 확인한 노을이 선언했다.

"가는 거야! 우리 이대로 공항으로 가자!"

"여권이 없잖아."

파랑의 이성적인 말이 신난 아이들의 발목을 붙잡았다.

"집에 몰래 들어가서 가지고 나오면 돼."

노을이 당당하게 말했다. 그러자 스마트폰에서 피피의 목소리가 흘러나왔다.

"보호자 없는 미성년자는 입국이 제한될 수 있어. 보호자 비동반 허가를 받아야 해."

"그게 뭐야?"

피피가 입국 심사 관련 규정을 보여 주자 아이들의 얼굴이 어두워졌다. 규정대로라면 비행기는 탈 수 있지만, 입국 심사 때 문제가 생길 것 같았다.

"보호자 없이 입국하려면… 필요한 서류는 위조하면 되는데, 누군가가 우리를 마중 나와야 하네."

규정을 정독한 노을이 말하자, 란희가 울상이 된 채로 의견을 냈다.

"류건 샘에게 부탁해 볼까?"

"바로 아버지한테 전화하실걸."

아이들은 모두 고개를 주억거렸다. 테러범이 있으리라 추정되는 곳으로 아이들을 데려갈 리 없었다.

"그럼 우리 못 가?"

아름의 어깨가 축 늘어졌을 때였다. 란희의 휴대전화가 진동하기 시작했다. 화면에 떠오른 '태수'라는 이름을 확인한 란희가 재빨리 전화를 받았다.

"여보세요? 태수야!"

"무슨 일이야? 부재중 통화가 많던데. 자느라 못 받았어."

휴대전화에서 살짝 잠긴 듯한 태수의 목소리가 흘러나왔다.

"너! 모레 숙소에서 쉬어! 나가지 마!"

"갑자기?"

설명 없는 요구에 태수가 반문하자, 란희의 다급한 설명이 이어졌다.

"루브르 박물관에서 테러가 일어날 거야."

하늘을 타고, 파리

아이들은 집에서 여권과 필요한 것들을 가지고 나오기로 하고 흩어졌다. 약속 장소인 공항에 먼저 도착한 건 노을과 란희였다. 커다란 창을 통해 날아오르는 비행기가 보이자 둘의 마음도 덩달아서 붕 떠올랐다.

"와아아아."

"떠오른다아아."

둘은 나란히 서서 여러 목적지를 향해 출발하는 비행기를 바라보았다. 다음으로는 파랑이 도착했다. 셋은 비행기가 떠오르는 것을 지켜보았다.

"와아아아."

"떠오른다아아."

"……"

몇 대의 비행기를 더 떠나보낸 뒤에야 아름이 허둥지둥 도착했다.

"들킬 뻔했어. 여권을 챙기는데 갑자기 엄마가 들어온 거야. 옷장 속에 숨어 있다가 몰래 나왔어."

"다행이다. 너 늦으면 어쩌나 조마조마했어."

란희가 반기는 사이 짐을 챙긴 노을이 외쳤다.

"이제 가자! 파리로!"

아이들은 신이 나서 수속을 마쳤다.

"우리 정말 파리에 가는 거지?"

아름은 믿기지 않는지 몇 번이나 물었다.

아이들은 설레고 흥분된 상태로 승무원의 안내를 따라 비행기에 올랐다. 넷이 나란히 앉아서 창문을 통해 본 하늘은 아름다웠다.

"예쁘다."

란희가 솜사탕 같은 구름이 뭉게뭉게 떠 있는 모습을 스마트폰 카메라에 담으며 중얼거렸다.

홀린 듯이 보고 있는데, 노을이 말했다.

"다들 자 두자. 우리 테러 예정일 아침에 도착하니까 바로 박물관으로 가야 해. 잠 잘 시간이 없어."

노을을 시작으로 아이들이 하나둘씩 잠들었다.

승무원이 나란히 잠든 아이들에게 담요를 덮어 주었다. 이륙한 지 열두 시간쯤 지났을 때, 바퀴가 활주로에 닿으며 덜커덕거렸다.

아이들은 잠이 덜 깬 눈으로 비행기에서 내렸다. 입국 심사대 앞에 도착해 보니 태수와 태수 어머니가 보였다.

태수를 본 순간 노을이 활짝 웃으며 손을 흔들었다. 이른 아침부터 일어난 것이 못마땅하던 태수 어머니의 표정이 풀어졌다.

"노을이구나. 아버지랑 어머니는 잘 계시고?"

"네! 안녕하세요, 어머니."

살가운 표정을 한 노을 뒤에서 파랑과 란희, 아름도 인사했다. 하지만 태수 어머니의 관심은 온통 노을에게 가 있었다.

"아들 한 명 더 생긴 것 같아서 듣기 좋네."

아이들은 태수 어머니의 도움으로 입국 심사를 마칠 수 있었다. 공항으로 들어서자 태수 어머니가 말했다.

"너희 잘 만났다고 어머니들께 연락해야겠다."

노을이 태수의 팔짱을 끼며 넙죽 말했다.

"저희가 전화드릴게요. 어차피 전화드려야 하거든요. 어머니, 저희 바로 놀러 가도 되죠?"

"그래, 친하게 지내니 보기 좋네. 재밌게들 놀아. 늦지 않게 들어오고. 여긴 한국 같지 않아서 늦은 시간까지 돌아다니면 안 돼."

"네!"

태수 어머니가 손짓하자, 옆에 서 있던 정장을 입은 남자가 아이들의 짐을 카트에 실었다. 태수 어머니와 남자가 사라지자, 노을은 팔짱을 풀었다.

"고맙다. 덕분에 입국했네."

"란희가 부탁한 거니까."

태수는 슬쩍 란희의 얼굴을 보았다. 란희는 상기된 얼굴로 공항을 둘러보고 있었다. 신이 난 얼굴이라 저도 모르게 따라서 웃게 되었다.

그런 태수를 바라보던 노을이 안타깝다는 듯이 말했다.

"늦었어."

"뭐가?"

"그런 게 있어."

노을은 태수의 어깨를 툭툭 두드렸다.

"미쳤냐? 아무튼 어머니 앞에서는 계속 베프인 척해라."

앞장선 태수를 따라서 아이들은 공항을 나섰다.

공항버스를 타고 가면서 본 파리의 아침은 아름다웠다. 아이들은 눈이 휘둥그레진 채 창밖의 풍경을 정신없이 바라보았다. 버스에서 내린 다음에는 노을이 앞장섰다. 길을 잃어버릴 걱정은 없었다. 피피가 듬직하게 내비게이션 역할을 해 주고 있었다.

"여기서 우회전하면 루브르 박물관이 보일 거야."

피피의 말에 따라 코너를 돌자 저 멀리 루브르 박물관이 보였다. 가장 먼저 눈에 띈 건 유리 피라미드였다. 노을과 아름이 감탄사를 뱉어 냈다.

"우와, 크다."

"예뻐!"

상상했던 것보다 커다란 규모가 놀라웠다.

"잠깐만!"

란희가 걸음을 빨리하던 노을의 목덜미를 낚아챘다.

"왜?"

노을이 불만스러운 얼굴로 돌아보자, 란희가 속닥거렸다.

"류건 샘이야."

아이들은 몸을 커다란 휴지통 뒤로 숨기고 고개만 빼든 채 박물관 입구를 살폈다. 입구 근처에 서서 무언가를 말하고 있는 류건의 모습이 보였다.

박물관 입구는 통제되고 있었다. 가방 검사는 물론이고 몸수색까지 하고 있었다. 삼엄하기가 공항의 출입국 검사 이상이었다. 요원들이 곳곳에 포진해 있어서 슬쩍 들어갈 수가 없었다.

노을이 침을 꼴깍 삼켰다.

"류건 샘한테 안 들키고는 못 들어갈 것 같은데."

"그러게. 우리 지금 류건 샘한테 걸리면 바로 한국으로 돌아가게 되겠지?"

"그보다도 엄청 혼날 것 같아."

"그, 그렇겠지."

"밖에서 지켜보는 건 몰라도 안으로 들어가는 건 위험하지 않겠어?"

파랑이 말했다.

"위험하려나."

노을이 볼을 긁적이며 중얼거렸다.

"응. 바깥에서 지켜보는 게 더 나을 것 같아."

파랑이 다시 말하자 노을과 란희도 수긍했다.

아이들은 휴지통 뒤에 몸을 숨긴 채 입구를 노려보았다. 노을이 살짝 들뜬 목소리로 말했다.

"몇 명이나 잡힐까? 제로 일당 전부를 잡을 수 있을까?"

"그럼, 그럼. 원래 악당은 잡히게 되어 있어."

란희의 말을 들은 아름도 따라서 고개를 주억거렸다. 파랑과 태수는 대꾸하지 않은 채 상황을 관망하고만 있었다.

왜 이렇게 된 거지

오전 10시. 루브르 박물관 앞은 평소와 다르지 않았다. 관광객들은 연신 사진을 찍어 댔고, 검문검색도 평소와 비슷한 수준으로 되돌아갔다. 테러가 예정된 시간이 지났지만, 루브르 박물관에서는 아무런 일도 일어나지 않았다.

멀리서 상황을 지켜보던 아이들은 맥이 빠져 버렸다. 금발의 소녀들이 실망한 노을의 옆을 스치고 지나갔다. 시간을 다시 확인한 노을이 목을 긁적이며 입을 열었다.

"도주와 체포, 뭐 이런 건 없나 봐?"

"들켰다는 걸 알고 도망친 건가?"

아름도 의문을 표시했다.

아이들은 유리 피라미드 쪽을 바라보았다. 예정된 시간이 지난 이후로는 류건과 김연주의 모습도 보이지 않았다.

그때였다. 피피가 먼저 말을 걸어왔다.

"노을, 문제가 생겼어. 이걸 봐."

피피는 스마트폰에 어떤 영상을 띄워서 보여 주었다. 넋을 잃은 듯한 모습으로 화면을 바라보던 노을이 중얼거렸다.

"왜 이렇게 된 거지."

옆에 서 있던 아이들도 멍하기는 마찬가지였다. 아이들은 믿을 수 없다는 듯이 각자의 휴대전화를 들여다보았다.

모든 매체가 앞다투어 여섯 번째 테러에 대해 보도하고 있었다. 테러는 파리가 아닌 그리스의 아테네에서 일어났다.

아테네의 수호신인 여신 아테나를 모신 파르테논 신전이 시작이었다. 파르테논 신전이 폭발한 데 이어 아테네 전체에 동시다발적인 폭탄 테러가 벌어졌다.

지금까지의 테러와는 규모부터 달랐다. 신전이 완전히 무너졌고, 근처에 있던 수많은 사람들이 다쳤다. 사상자가 속출했다. 도시 곳곳에서 연기가 솟아올랐다. 전쟁이라도 난 것 같았다.

"말도 안 돼……."

란희가 중얼거렸다.

정말 테러가 일어나 버렸다. 프랑스가 아닌 그리스에서.

아테네의 아크로폴리스 언덕에 있는 파르테논 신전은 아테네의 상징물로, 세계에서 가장 아름다운 건축물로 꼽힌다. 그리스인들은 건축을 거대한 조각품으로 간주했다. 파르테논 신전은 황금분할에 기초한 이상적인 비례와 조화의 체계에 따라 지어졌다는 설이 있다. 건물 구성 하나하나의 균형에 신경을 써서 지은 것이다. 그 결과 파르테논 신전은 정면의 가로세로 비율은 물론 지붕의 상단 부분 및 그 외 작은 부분들까지 모두 완벽한 황금비 1:1.618을 갖는 황금나선 모양으로 건축되었다고 한다.

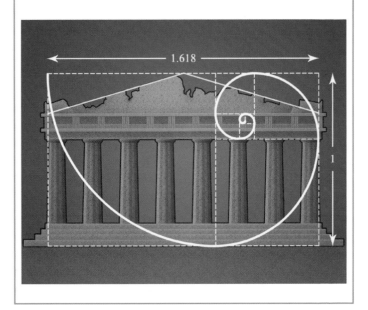

8호의 나팀반

도시가 불타오르는 모습은 섬뜩했다.

예측이 어긋날 수도 있다는 건 알고 있었다. 숫자의 상징성만 가지고 테러 위치를 추측하는 것은 어려운 작업이었다. 하지만 류건이 속한 수사 팀의 의견도 아이들과 같았다. 피피마저 가장 가능성 높은 곳으로 루브르 박물관을 점쳤다. 모두의 예상이 보기 좋게 빗나간 것이다.

란희가 허탈한 얼굴로 돌아서는데 태수가 물었다.

"이제 어쩔 거야?"

란희는 잠시 고민해 보았다. 하지만 아이들이 파리에서 할 수 있는 일은 더 이상 없었다.

"돌아가야겠지."

란희의 어깨가 축 늘어졌다.

"우리가 좀 더 신중해야 했어."

노을이 아테네 테러 사진에서 눈을 떼지 못하며 말했다.

"맞아. 다른 곳일 수도 있다는 걸 알고 있으면서 의심하지 않았어. 확률이 높다고 해서 그게 무조건 정답일 수는 없는데."

아이들은 숙소인 태수의 아파트를 향해 터덜터덜 걸음을 옮겼다. 루브르 박물관으로 향할 때까지만 해도 아이들을 매료시키던 풍경도 더 이상 눈에 들어오지 않았다.

파랑은 란희의 축 처진 어깨가 신경 쓰였다. 샹젤리제 거리를 지날 때였다. 프리마켓이 길게 늘어선 모습을 본 파랑이 말했다.

"잠깐만."

"응."

"다녀와."

대충 대답한 아이들은 멍을 때리기 시작했다. 잠시 후 파랑이 핫초코 다섯 잔을 들고 돌아왔다.

"와, 고마워."

란희가 감격한 듯 핫초코를 홀짝였다.

"그렇게 맛있어?"

"응. 겨울에 먹는 핫초코는 최고인 것 같아."

잠시 둘만의 세상이 펼쳐졌다. 아름은 그런 둘을 흐뭇하게 바

라보았다. 노을은 심드렁했고, 태수는 조금 충격을 받은 얼굴이
되었다.

"늦었다는 게, 이런 뜻이었어?"

"그러게 처음부터 잘하지 그랬냐."

노을이 태수의 어깨를 다시 툭툭 두드리는데 무언가가 눈에
들어왔다. 멀찍이 떨어진 가게의 간판이 낯익었다. 어디선가 많
이 본 듯한 마크가 그려져 있었다.

"저기 저 끝에 있는 가게 간판에 그려진 마크 말이야. 수학 캠
프 마크랑 비슷하지 않아?"

"저거 유행인가? 제로도 쓰고 수학 캠프에서도 쓰더니, 여기서
도 보이네."

노을의 말에 파랑과 란희의 시선도 움직였다. 제로의 마크를
달고 있는 곳은 오르골 가게였다. 마크를 바라보던 란희의 입이
헤 벌어졌다. 동양인 한 명이 가게 앞에 멈춰 선 것이다. 심지어
낯이 익었다.

"8호?"

샹젤리제 거리에 8호가 나타났다.

8호는 앞에 서 있는 남자에게 손을 내밀었다. 그에게서 무언
가를 받아 든 8호는 그대로 몸을 돌려 어딘가로 걸음을 옮겼다.
아이들은 누가 먼저라고 할 것도 없이 8호의 뒤를 따라 움직였

다. 노을이 스마트폰에 대고 작게 중얼거렸다.

"피피야, 류건 샘에게 연락해 줘."

"전화기가 꺼져 있어. 대신에 메시지를 남겼어."

"김연주 샘은?"

"역시 꺼져 있어."

하필이면 이럴 때 연락이 되질 않았다. 노을은 마음이 조급해졌다.

"그럼 김연주 샘한테도 메시지 보내 줘. 8호가 샹젤리제 거리에 나타났다고."

"알았어. 거리 CCTV 영상도 같이 전송했어."

"고마워."

노을은 8호의 뒷모습을 노려보았다. 8호는 길을 걷는 중간중간 손에 든 것을 확인했다. 그걸 보며 방향을 가늠하는 듯한 모습이었다.

"저거 나침반 같은 건가? 저걸 보면서 길을 찾는 것 같지 않아?"

란희가 속삭이듯이 물었다. 대답은 노을의 스마트폰에서 들려왔다.

"저건 간단한 메시지를 송수신하는 통신 장치야."

아이들의 눈이 동시에 커졌다.

"피피, 너 혹시 저 메시지 볼 수 있어?"

"그럼. 난 완벽하니까."

피피의 말이 끝남과 동시에 화면에 이상한 그림이 떠올랐다.

"이게 뭐지?"

그림을 주시하며 걷다 보니 샹젤리제 교차로가 나타났다.

교차로에서 멈춰 선 8호는 손에 든 기계를 바라보았다. 무언가를 고민하는 듯하더니 왼쪽 길로 접어들었다.

란희가 8호의 뒤통수를 노려보며 말했다.

"이 이상한 기호로 어떻게 저쪽이라는 걸 안 걸까?"

"내가 말해 줄게."

피피가 대답했다. 아이들의 시선이 동시에 스마트폰 화면으로 향했다.

"너, 법칙을 알고 있어?"

"그럼! 나는 완벽하잖아. 벡터의 합이야."

란희가 "벡터?"라고 물으며 노을을 돌아보았다. 아름은 입을 헤 벌렸고, 노을은 어깨를 으쓱했다. 파랑과 태수만이 알았다는 듯이 고개를 주억거렸다.

"화살표가 벡터들을 나타내는구나?"

"파랑이 말이 맞아."

피피가 대답했다. 노을과 란희가 설명이 필요하다는 듯한 얼굴로 파랑을 응시했다.

"고등학교 때 배우는 개념이라서 좀 어려울 수 있어. 12시 방향에 있는 화살표부터 시작해서 시계 방향으로 각 화살표에 $\overrightarrow{①}$ ~ $\overrightarrow{⑥}$이라고 번호를 붙이자. 이 화살표들을 줄다리기의 줄이라고 생각하고, 가운데에 어떤 물체가 매달려 있다고 가정해 봐. 각 방향으로 같은 힘을 줘서 줄을 잡아당기면 물체는 어디로 향할까?"

란희가 대답했다.

"$\overrightarrow{②}$, $\overrightarrow{⑤}$ 그리고 $\overrightarrow{③}$, $\overrightarrow{⑥}$ 줄은 서로 반대 방향이라 힘이 상쇄될 테고, $\overrightarrow{①}$, $\overrightarrow{④}$ 줄만 잡아당기는 것처럼 되겠네? 맞아?"

"맞아. $\overrightarrow{①}$, $\overrightarrow{④}$ 두 벡터를 더한 방향으로 힘이 작용하는 거야. 벡터의 덧셈은 평행사변형을 그려서 구하거든. $\overrightarrow{①}$, $\overrightarrow{④}$가 이웃한 두 변이 되도록 평행사변형을 만든 뒤 대각선을 그으면 그 대각선이 바로 두 벡터의 합이야."

"그래서 8호 아저씨가 왼쪽으로 간 거구나!"

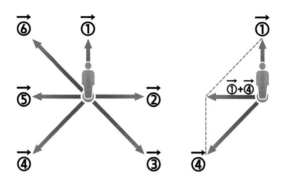

개념을 이해하고 나니 다음 갈림길부터는 따라가기가 쉬웠다. 아이들은 들킬 걱정 없이 한 블록 뒤에서 쫓기로 했다.

20여 분을 따라 걷던 란희가 노을의 스마트폰을 빼앗아 들더니 말했다.

"피피야, 혹시 8호 아저씨한테 잘못된 방향을 알려 줄 수 있어? 제대로 된 방향은 우리한테만 알려 주고."

"당연히 할 수 있지."

"그럼 다음 사거리부터는 계속 잘못된 길로 가도록 신호를 바꿔서 보내 줘. 류건 샘이랑 연락되면 8호의 좌표를 보내 주고."

"알았어. 나만 믿어."

피피가 자신만만하게 말하자 노을이 엄지손가락을 들었다.

"역시 넌 최고야."

길이, 넓이, 부피 등과 같이 단순히 크기만을 갖는 양을 스칼라라고 하고 힘, 속도, 가속도와 같이 크기와 함께 방향도 갖는 양을 벡터라고 한다. 벡터는 다음과 같이 화살표를 이용해 그림으로 나타내고, 기호로 $\vec{a}$와 같이 나타낸다. 화살표의 방향이 벡터의 방향이고, 화살표의 길이가 벡터의 크기이다. 예를 들어 $\vec{a}$는 남쪽에서 북쪽으로 3m/s의 속도로 부는 바람을 나타내고, $\vec{b}$는 북동쪽에서 남서쪽으로 $2\sqrt{2}$ m/s의 속도로 부는 바람을 나타낸다.

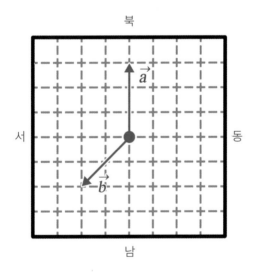

두 벡터 $\vec{a}$, $\vec{b}$를 더한 값을 구하기 위해서는 다음과 같이 마주 보는 두 변이 각각 평행한 평행사변형 OACB를 만든 뒤 그 대각선의 값 벡터 $\vec{c}$를 구하면 된다. 기호로는 $\vec{c} = \vec{a} + \vec{b}$와 같이 나타낸다.

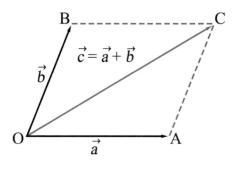

다음 사거리에서 8호는 오른쪽 길로 접어들었다. 하지만 아이들이 받은 신호는 직진이었다. 란희가 걱정스럽다는 듯 물었다.

"이 신호를 따라가면 어디가 나오는 걸까?"

"테러랑 관련된 곳 아닐까?"

"아무래도 그렇겠지?"

"조금 무서워지려고 하네."

노을은 침을 꼴깍 삼켰다. 어디인지 모를 곳으로 향하는 게 두려웠지만, 류건과 연락이 안 되는 상황이라 선택의 여지가 없었다.

계속 걷다 보니 고급 양복점과 레스토랑이 있는 사거리에 도착했다. 아이들이 스마트폰을 확인하자 새로운 이미지가 떠올랐다.

"나 알 것 같아. 조금 복잡해 보이지만 양방향으로 향하는 벡터들을 없앤 다음에 평행사변형을 그리면……. 오른쪽 대각선 위! 저 골목길 맞지?"

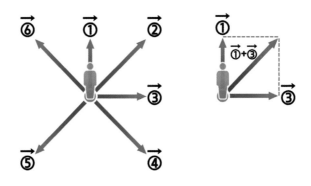

문제를 풀어낸 란희가 씩 웃었다.

골목길로 들어가자 오래된 성당이 나타났다. 둥근 반구형 지붕이 멀리서도 눈에 띄었다. 입구에는 그리스 신전 사진에서 본 것 같은 돌기둥이 줄지어 있고, 이름 모를 사람의 흉상이 세워져 있었다.

"와! 유럽 느낌이다."

란희의 소감에 노을이 어이없다는 듯이 대꾸했다.

"유럽 맞거든."

아이들이 성당 앞에 도착하자 스마트폰에 새로운 화면이 떠올랐다.

3656511

이번에는 숫자였다. 갑자기 나타난 숫자에 아이들은 당황했다.

"이게 뭐지? 피피야, 무슨 뜻인지 알겠어?"

"기다려 봐. 여러 가지 경우의 수를 살펴려면 시간이 좀 걸릴 수도 있어."

피피가 숫자의 의미를 알아내기 위해 사라지려고 할 때였다. 파랑이 말했다.

"잠깐만, 피피야. 피타고라스의 수비학에 나오는 '글자 - 숫자 치환표'를 통해서 변환해 줘. 성당과 관련된 단어가 있으면 우선적으로 말해 주고."

"알았어. 그건 오래 걸리지 않을 거야."

잠시 후 스마트폰 액정에 영단어 하나가 떠올랐다.

란희가 읽고는 다시 성당을 올려다보았다. 영어에 약한 노을
이 물었다.

"그게 무슨 뜻인데?"

"고해하다."

아이들의 시선이 자연스럽게 성당으로 향했다.

고해를 하다

아이들은 앞다퉈 성당 안으로 들어갔다. 천장에는 하얀색 날개를 단 천사가 환한 빛과 함께 성모 마리아를 향해 내려오는 그림이 그려져 있었다.

아이들은 조용히 주변을 두리번거렸다. 하지만 이렇다 할 것은 발견되지 않았다. 고해소가 있는 성당 구석을 살피던 란희가 노을의 어깨를 붙잡았다. 아이들이 동시에 돌아보자 손가락으로 어딘가를 가리켰다.

고해소 중 한 곳의 문에 손수건이 달려 있었다.

"저게 왜?"

"제로의 마크야."

노을은 눈을 가늘게 뜨고 보았다. 란희의 말대로 제로의 마크가 그려진 손수건이었다. 그곳이 목적지라는 예감이 들자, 아이들은 모두 심각한 얼굴이 되었다.

류건이나 김연주와는 아직 연락이 되지 않고 있었다. 노을이 앞장서며 말했다.

"일단 들어가 보자."

"8호를 알고 있는 사람이 안에서 기다리고 있으면 들킬 거야."

란희가 팔을 붙잡으며 말렸지만, 노을이 씩 웃으며 대꾸했다.

"고해소면 얼굴이 안 보이잖아."

"목소리는 들리잖아."

"아, 그렇네."

당장 들어갈 듯하던 노을은 자세를 바로 했다. 하지만 여기서 마냥 기다리고 있을 수는 없었다. 속았던 사실을 8호가 언제 알아차릴지 모를 일이었다.

고민하던 노을이 피피에게 물었다.

"피피야, 혹시 8호 아저씨의 통화 내역을 기반으로 음성 변조할 수 있어? 비슷하게라도."

"물론이지. 5분만 기다려."

아이들은 초조하게 주변을 살피며 기다렸다. 그사이 란희는 류건에게 전화를 걸었다. 하지만 계속해서 꺼져 있다는 메시지만 반복되었다.

"왜 안 받으시지?"

노을이 피피에게 물었다.

"샘들 휴대전화가 꺼진 위치가 어디야?"

"샤를 드 골 공항."

아이들은 침을 꼴깍 삼켰다.

"테러가 일어났으니까 아테네로 가는 중인 거 아니야?"

란희의 말에 노을이 맞장구를 쳤다.

"그런가 보다. 피피야! 파리에서 아테네까지 몇 시간 정도 걸려?"

"세 시간에서 세 시간 반 정도니까 늦어도 두 시간 후에는 연락이 될 거야."

"두 시간……."

걱정이 점점 부풀어 오르는 가운데 란희가 고해소를 손가락으로 가리키며 말했다.

"그런데 저기에는 누가 들어가?"

"셋 다 들어가지는 못하니까… 음, 8호 아저씨 키가 어느 정도였지?"

노을이 기억을 더듬자, 파랑이 대답했다.

"컸던 것 같아. 한 이 정도."

파랑이 자신의 키보다 조금 높은 곳에 손을 올리며 말했다. 란희는 파랑과 태수, 노을을 번갈아 보았다.

"그럼 파랑이가 들어가야겠다."

아이들 중 가장 키가 큰 파랑이 조용히 고개를 끄덕였다. 5분이 다 되기 전에 피피가 다시 나타났다.

"됐어. 자판을 치면 그 말을 그대로 목소리로 바꿔서 내보내 줄게. 프랑스어로도 가능해."

노을과 란희가 스마트폰을 향해 나란히 엄지손가락을 들어 보였다.

파랑은 어깨가 굳은 채로 고해소 안으로 들어갔다. 고해소 안에서는 은은한 나무 향이 났다. 좁은 공간에 앉고 보니 암담했다. 뭐라고 말을 꺼내야 할지 고민하는데 상대가 먼저 말을 걸어왔다. 한국어였다.

"갑자기 장소를 변경해서 미안합니다. 루브르 박물관 쪽의 경비가 강화되어서 어쩔 수가 없었습니다."

파랑이 재빨리 자판을 터치했다. 스마트폰에서 8호의 목소리가 흘러나왔다.

"아닙니다. 이해합니다."

고해소 안에 있는 사람이 작은 구멍으로 승용차 스마트 키처럼 보이는 검은색 큐브를 내밀었다. 파랑은 일단 큐브를 손에 쥐었다. 상대가 다시 말했다.

"저는 이제 돌아가 봐야 합니다. 앞으로는 모든 연락을 차단하겠습니다. 그럼 그날을 기대하고 있겠습니다."

파랑은 뭐라고 대답해야 할지 고심하다가 가장 무난한 답변을 골랐다.

"네, 수고하셨습니다."

파랑은 최대한 자연스럽게 보이려 애쓰며 돌아섰다. 슬쩍 고해소를 나가려던 때였다.

"왜 암호를, 대지 않는 거지?"

무언가 잘못됐다는 걸 깨달은 파랑이 그대로 고해소를 뛰쳐나갔다. 그와 동시에 노을의 스마트폰에 '들켰어'라는 메시지가 떠올랐다. 아이들은 누가 먼저라고 할 것도 없이 성당 밖으로 달려 나갔다.

뒤에서 누군가가 쫓는 기척이 느껴지자, 아이들은 쉬지 않고 달렸다. 숨을 헐떡이며 계단을 오르고 골목길을 지나 도심에 이르렀다.

"이제 안 따라오는 것 같아."

태수가 헐떡이며 말하자, 파랑이 뒤를 돌아보았다.

"서로를 확인하는 암호가 있었던 것 같아. 피피, 8호 아저씨는 어떻게 됐어?"

"성당에 도착했어."

"성당에?"

"우리가 성당에서 쫓기기 시작한 이후로 연락을 받았는지 더 이상 신호대로 움직이지 않더라고."

성당과의 거리를 가늠해 본 파랑이 손을 내밀었다.

"이것부터 봐. 이걸 줬는데 뭔지 모르겠어."

파랑의 손바닥 위에 있던 큐브를 집어 든 란희가 이리저리 만지작거렸다. 큐브를 노려보던 란희가 이음새를 손톱으로 건드리자 접속 장치가 드러났다.

노을이 스마트폰에 대고 말했다.

"피피, 이거 접속할 테니까 뭔지 말해 줘."

"알았어."

아이들은 스마트폰에 큐브를 접속했다. 침을 꼴깍 삼키며 기다리는데 피피의 발랄한 목소리가 이어졌다.

"이건 유럽우주기구의 위성 해킹 코드야."

처음 들어 보는 단어에 란희의 미간이 찌푸려졌다.

"유럽우주기구가 뭔데?"

"유럽 공동으로 로켓이나 위성을 개발하고 운용하는 국제 조직이야. 프랑스와 독일을 비롯한 19개국이 참여하고 있는데, 본부는 파리에 있어."

볼을 긁적이던 노을이 물었다.

"이거면 위성을 마음대로 움직일 수 있어?"

"마음대로는 아니고, 이미 설정된 값이 있어."

"뭔데?"

"위성의 궤도 제어용 추진 엔진을 조작하는 방식으로, 모든 인공위성이 같은 시각에 지구로 추락하게 설정돼 있어."

피피의 설명에 태수의 얼굴이 하얗게 질렸다. 돌아가는 상황이 심상치 않았다.

"그게 가능해?"

"이 코드대로라면 가능해."

상황을 제대로 이해하지 못한 란희가 물었다.

"인공위성이 떨어지면, 어떻게 되는데?"

피피가 상황을 알기 쉽게 설명해 주었다.

"1톤이 넘는 위성들이 대기권에 진입하겠지. 대기 마찰 등에 의해 대부분 연소되지만, 일부는 타지 않고 자유 낙하해서 지표면에 충돌할 거야. 소형차 한 대가 KTX 속도로 추락하는 파괴력 정도라고 생각하면 돼."

란희의 머릿속에 지표면 위로 떨어지는 소형차의 이미지가 그려졌다.

"그거, 막을 수는 있어?"

"위성 잔해가 어디에 떨어질지 예측하기는 매우 어려워. 대기권에 진입할 때의 속도는 초속 7~8킬로미터에 달해. 낙하 시간을 몇 초만 늦게 예측하더라도 낙하 위치가 예상했던 곳에서 70~80킬로미터 이상 멀어져. 내 연산 속도로도 모든 인공위성의 낙하 위치를 동시에 계산할 수는 없어."

"그럼 떨어진 곳은… 재난 상황이 되겠네?"

"떨어진 곳만이 아니야. 인공위성을 이용하는 모든 시스템이 엉망이 되면서 극심한 혼란이 발생할 거야. 또 인공위성 추락이 위험한 건 낙하 에너지 때문만은 아니거든. 일부 위성은 에너지 공급원으로 우라늄을 이용하는 소형 원자로를 장착하고 있어. 추락 지역 일대에 핵물질이 유출된다는 뜻이야."

막연히 위험하다고 느꼈던 것과는 차원이 다른 위기였다. 란희가 양팔로 제 몸을 감싸 안으며 물었다.

"그럼 인류 멸망 아니야?"

파랑은 손에 쥐고 있던 큐브가 갑자기 무겁게 느껴졌다.

"류건 샘한테 연락해야 하는데."

고민하던 노을이 시간을 확인했다. 류건에게 연락하려면 아직 한 시간 반이나 기다려야 했다.

"일단 한 시간 반만 더 버티자. 그러고 나면 류건 샘이 어떻게 하라고 말해 주겠지."

"사람 많은 데에 있는 게 낫겠지?"

란희에 이어 태수도 의견을 냈다.

"대사관에 가 있자. 한국 대사관이 샹젤리제 거리 근처에 있어. 거기라면 안전할 거야."

"그래. 대사관에 숨어 있다가 류건 샘을 만나는 게 낫겠어."

란희가 동의하자 아이들은 대사관을 향해 움직였다. 노을은 뒤따라가며 스마트폰에 대고 말했다.

"피피야, 혹시 모르니까 친구들이 각자 스마트폰에서도 언제든 너를 부를 수 있도록 미리 준비해 줘."

"알았어, 노을."

옆에서 걷던 란희가 괜히 침을 삼켰다.

아이들은 주위를 살피며 조심해서 움직였다. 태수의 안내에 따라 골목길로 들어섰을 때였다. 뒤쪽에서 또렷한 한국말과, 영어, 불어가 뒤섞여 들렸다. 얼핏 돌아본 곳에는 건장한 체격의 남자들이 서 있었다.

"저기에 있다! 잡아!"

아이들은 골목길을 달리기 시작했다. 젖 먹던 힘까지 짜내어 달렸다. 울퉁불퉁한 돌길이라 발바닥이 아팠지만, 투정을 부릴 여유는 없었다. 정신없이 달리다 보니 대로가 나왔다. 인적이 없는 대로는 오히려 더 공포감을 불러일으켰다. 몸을 숨길 곳조차 없었다. 방향도 잡지 못한 채 마구잡이로 달리는 것 말고는 할 수 있는 게 없었다.

어둠에 잠긴 골목길에 아이들의 발소리와 남자들의 고함이 엉켜들었다. 쉼 없이 달렸지만, 남자들과 아이들의 거리는 점점 좁혀졌다.

앞서 달리던 태수가 코너를 돌았을 때였다. 골목 반대쪽에서 튀어나온 남자들이 태수의 팔을 붙들었다.

"도망쳐!"

바둥거리는 태수에 이어 파랑이 붙잡혔다. 노을은 다가오는 남자를 보며 몸을 돌려 무언가를 뒤로 던졌다.

노을이 던진 걸 반사적으로 받아 든 란희는 바로 뒤돌아 달렸다. 뒤처져 있던 아름과 란희만이 다른 골목길로 빠져나갈 수 있었다. 뒤편 멀리에서 노을의 비명과 파랑의 목소리가 들렸지만 둘은 멈추지 않았다.

아름의 손을 붙잡고 달리던 란희는 철문이 반쯤 열린 어느 맨션의 정원 안으로 들어갔다. 수풀 사이에 숨은 란희와 아름은 따라오던 발소리가 철문 앞을 지나는 걸 확인한 뒤에야 놀란 마음을 진정시켰다. 심장이 몸 바깥으로 튀어나올 것처럼 뛰고 있었다.

상황을 봐서 나갈 셈이었는데, 둘을 찾는 발걸음이 끊이질 않았다. 주머니를 뒤진 란희가 스마트폰을 꺼내자 화면에 피피가 나타났다.

"피피야! 어떻게든 류건 샘이랑 김연주 샘한테 연락해 줘. 수단과 방법을 가리지 말고."

독 안에 든 쥐

비행기는 그리스 상공을 날고 있었다. 요원들과 함께 전용 비행기를 타고 아테네로 이동 중인 류건과 김연주의 얼굴에는 그늘이 드리워 있었다. 아테네의 피해 상황이 점점 불어나고 있었다. 사망자는 물론이고 실종자도 상당했다.

문제는 이게 끝이 아니라는 것이다. 여섯 번째 테러는 막지 못했지만 일곱 번째 테러만은 막아야 했다.

"날짜와 시간만 파악한 상태로 다음 테러 장소를 예측할 수 있을까?"

류건이 관자놀이를 누르며 말하자 김연주가 작게 한숨을 내쉬었다.

"해야지, 어떻게 해서라도."

"잠깐 눈이나 붙일 걸 그랬나 보다. 당분간 잠잘 시간은 없을 것 같은데."

착륙 시 주의 사항을 알리는 기내 방송이 나오기 시작했다. 적당히 흘려듣고 있는데 갑자기 방송이 중단되었다. 이내 익숙한 목소리가 흘러나왔다.

"피피예요! 란희랑 아름이가 지금 제로에게 쫓기고 있어요. 제로가 가지고 있던 유럽우주기구의 위성 해킹 코드를 빼돌렸거든요. 노을이랑, 파랑, 태수는 제로한테 붙잡혔고요. 지금 제로의 기지로 끌려가고 있어요."

류건과 김연주의 입이 떡 벌어졌다. 한국말을 알지 못하는 요원들은 의아해했지만, 일부라도 이해할 수 있는 이들의 표정은 이 둘과 다르지 않았다.

류건은 착륙하자마자 재빨리 휴대전화를 켰다. 노을과 아이들이 보내 놓은 메시지가 가득했다. 물론 메시지를 하나씩 확인할 필요는 없었다.

화면에 피피 이모티콘이 떠올랐다.

"아이들은 어디에 있어? 위성 해킹 코드가 어디에 있었던 거야?"

다급하게 묻자 피피가 대답했다.

"파리에 있어요."

"파리?"

되묻는 류건의 목소리가 비행기 안을 울렸다.

창밖으로 파리의 도심이 내려다보였다. 발아래로 보이는 건물을 응시하던 2호가 고개를 돌렸다. 그의 등 뒤에는 8호가 서 있었다.

"해킹 코드를 가져간 게 고작 열다섯 살짜리라고?"

"그동안 사사건건 방해해 왔던 놈들입니다. 일행 중에 진노을이 끼어 있었습니다."

"그걸 지금 변명이라고 하는 건가?"

"죄송합니다."

8호는 쥐구멍이 있다면 들어가고 싶은 심정이었다. 피피에게 속아 파리 시내를 빙글빙글 돌다 무언가 이상하다는 것을 깨달았을 때는 이미 아이들이 해킹 코드를 가지고 도망친 뒤였다.

"무슨 수를 써서라도 해킹 코드를 찾아내."

"네. 도주 중인 두 명 모두 내일 날짜로 한국행 비행기가 예약되어 있습니다. 공항에 요원들을 보내 놓았으니 한국으로 돌아가지 못할 겁니다. 이미 아이들 중 세 명은 붙잡아서 데리고 오는 중입니다. 나머지 두 명을 찾는 것도 시간문제입니다."

2호가 탐탁지 않은 얼굴로 8호를 바라보는데, 노크 소리와 함께 다른 요원이 들어왔다.

"아이들을 3구역에 가둬 두었습니다. 이건 아이들에게서 압수한 휴대전화입니다."

2호가 책상을 손가락으로 톡톡 두드렸다. 무언가를 고심하던 그가 자리에서 일어나며 재킷을 챙겼다.

"직접 가서 보지."

8호가 그 뒤를 따랐다.

둘은 나란히 엘리베이터에 올랐다. 엘리베이터는 하염없이 아래로 내려갔다. 엘리베이터가 멈추고 두 사람이 내린 곳은 온통 은색으로 빛나고 있었다.

SF 영화에 나오는 우주선 내부를 연상케 하는 공간이었다. 2호는 기다란 복도를 지나 몇 개의 밀폐문을 지나쳐 갔다. 그가 멈춰 선 곳은 요원 둘이 지키고 있는 문 앞이었다.

2호가 손을 까딱거리자 문이 자동으로 열렸다. 테이블 앞에 앉아 있는 노을과 파랑, 태수가 보였다.

아이들을 느릿하게 훑어본 2호가 입을 열었다.

"진노을이 누구지?"

노을이 어정쩡하게 손을 들었다. 2호가 노을에게 다가가며 말했다.

"학생의 피타고라스 증명법은 흥미로웠지. 이렇게 보지 않았다면 더 좋았을 텐데 아쉽구나."

"우릴 어쩌려는 거죠?"

"글쎄, 쥐새끼들을 어떻게 하면 좋을까. 이런 말이 있잖니. 독 안에 든 쥐. 다른 쥐새끼들도 곧 만나게 될 테니까 걱정하지 마."

"쉽지는 않을 거예요."

2호는 노을을 흥미롭다는 듯이 바라보았다.

"쥐새끼들이 모두 모이면 재미있는 일이 일어날 거다. 너희들에게 최고의 장면을 보여 준다고 약속하지."

"인공위성이 별처럼 떨어지기라도 해요?"

"똑똑한 쥐새끼라서 키우는 맛이 있겠어."

입꼬리를 올려 웃은 2호는 그대로 뒤돌아 나갔다. 문이 닫히자 노을이 딸꾹질을 시작했다. 겁먹지 않은 척했지만, 상당히 긴장한 상태였다.

몇 번인가 연달아 딸꾹질을 했을 때였다. 머리 위에서 목소리가 들렸다.

"딸꾹질 멈추려면 숨 참아."

올려다보니 란희가 천장 환풍구 안에서 손을 흔들고 있었다. 옆에는 아름이도 있었다.

"어떻게 온 거야?"

노을과 파랑, 태수가 일어나 환풍구 뚜껑을 제거하자 란희가 고개를 쏙 내밀었다.

"샘들 만났지. 샘들은 지금 진입 준비하고 있어. 지금 독 안에 든 쥐는 제로야. 피피가 보안 시스템을 제어하고 있거든. 어서 움직이자. 작전 시작하기 전에 올라가야 해."

노을과 파랑이 먼저 환풍구로 올라가고, 마지막으로 태수가 올라갔다. 아이들은 환풍구 안으로 이어진 좁은 통로를 엉금엉금 기어 이동했다. 팔이 저릴 때쯤 환풍 설비치고는 커다란 공간이 나타났다. 그곳에는 위로 올라갈 수 있는 원형 계단이 설치되어 있었다.

란희가 아이들을 돌아보며 말했다.

"여기서부터는 걸어도 돼. 이쪽은 비상 탈출구인데, 안쪽은 지키는 사람이 없대. 문제가 생기면 피피가 말해 줄 거야."

아이들은 계단을 오르기 시작했다. 환풍구를 기어갈 때보다는 수월했지만, 빙글빙글 계단을 올라가다 보니 어지러움이 느껴졌다. 계단을 반 정도 올라갔을 때였다. 란희의 손에 들린 스마트폰에서 피피의 목소리가 흘러나왔다.

"빨리 올라가야 할 것 같아. 제로 요원들이 방문을 열려고 해서 내가 시스템으로 막아 놓았어. 그런데 그 문, 수동으로도 열 수 있거든."

"뛰자."

란희의 말을 신호로 아이들이 계단을 달려 올라가기 시작했다. 둥둥거리는 발소리가 울렸지만 그런 걸 신경 쓸 겨를이 없었다. 두 개 층 정도 더 올라갔을 때 경보음이 울리기 시작했다. 요란한 소리에 맞춰 아이들의 심장도 격렬하게 뛰었다. 정신없이 달려 계단의 끝에 도착했을 때였다. 개폐 장치가 자동으로 열리며 사람이 튀어나왔다.

갑자기 튀어나온 사람은 맨 앞에 있던 노을과 란희를 와락 끌어안았다.

"으아아."

"엑!"

둘의 괴성에 이어 부드러운 목소리가 들렸다.

"걱정했잖아."

둘을 안은 사람은 김연주였다. 파랑과 아름, 태수까지 모두 밖으로 나오자 류건이 다가왔다.

"나가자. 작전은 조금 전에 시작됐어."

아이들은 김연주와 류건을 따라 발걸음을 옮겼다. 건물 밖으로 나가자 빌딩을 겹겹이 둘러싼 경찰차가 보였다. 대여섯 대의 헬기도 하늘을 빙글빙글 돌고 있었다.

"피피가 보안 시스템을 장악하고 있으니까 아무도 도망치지 못해. 이번에는 전부 잡을 수 있겠어."

류건이 노을의 머리카락을 헝클어뜨리며 말했다. 아이들을 문이 열려 있는 경찰 승합차 안에 밀어 넣은 김연주가 당부했다.

"이 안에서 꼼짝하지 마."

"네!"

노을이 힘주어 대답했지만, 김연주는 아이들을 믿을 수가 없었다. 아이들을 눈여겨보던 김연주의 시선이 태수에게 닿았다.

"…너까지."

배신감이 서린 얼굴이었다.

태수가 어색하게 웃자, 김연주는 한숨을 쉬었다. 건물 안으로 사라지는 김연주와 류건의 뒷모습을 바라보던 아이들은 카 시트에 몸을 기댔다.

옷을 툭툭 털고는 높은 건물을 올려다보던 태수가 옆에 앉은 란희를 향해 말했다.

"살다 살다 환풍구 안을 기어 다니게 될 줄은 몰랐다."

"정말? 우리는 작년에 꽤 기어 다녔는데."

란희가 눈을 깜박이며 말했다. 볼에는 검댕이 묻어 있었다. 소매 끝으로 란희의 볼을 닦아 준 태수가 말했다.

"이 상황에서 할 말은 아니지만, 나는 너를 좋아할 수밖에 없을 것 같아."

"뭐?"

"대기표 뽑을게. 헤어질 때까지 기다리지 뭐."

앞 좌석에 앉아 있던 파랑이 돌아보며 말했다.

"안 헤어져."

순간적으로 어리둥절한 얼굴을 한 란희가 파랑을 향해 물었다.

"우리 사귀는 거였어?"

다시, 현대 노년 진노을

6일 발생했던 리미트 콘서트 테러의 범인이 10대 소년인 것으로 알려져 충격을 주고 있습니다. 2만 명에 가까운 인파가 몰려 있던 콘서트장에서 일어난 모방 테러 사건으로 인해 청소년 범죄에 대한 처벌을 강화해야 한다는 목소리가 높아지고 있습니다.

TV를 보던 노을과 란희의 시선이 마주쳤다. 성찬이 얘기가 흘러나오자 어쩐지 마음이 편하지만은 않았다.

노을이 자연스럽게 채널을 돌리며 말했다.

"생각보다 빠르게 수사가 끝났나 보네. 벌받겠지?"

"받아야지."

힘주어 대답한 란희가 바스락거리는 소리를 내며 과자 봉지를 열었다. 아래쪽에 담겨 있는 감자칩을 꺼내며 투덜거렸다.

"내가 질소를 산 건지, 과자를 산 건지 모르겠다아."

노을이 과자를 먹는 란희를 힐긋 보았다.

"한 가지는 알겠어. 너 살찐 것 같아."

"죽을래?"

란희가 노을의 멱살을 잡고 짤짤 흔들었다.

"진실이 또 핍박받는다아아아아."

이리저리 흔들리던 노을은 머리가 완전히 헝클어진 다음에야 란희에게서 벗어날 수 있었다. 어지러워하는 노을을 풀어 준 란희는 다시 과자 봉지에 손을 밀어 넣었다.

"류건 샘은 별말씀 없어?"

"뒤처리하느라 바쁘신 것 같아."

"궁금하다."

"나도 궁금하다. 그래서 넌 파랑이야, 태수야, 무리수 형이야?"

란희는 무슨 헛소리냐고 말하지 않았다. 감자칩을 와작 깨물어 먹은 란희는 딴청을 부렸다.

"글쎄다."

"태수는 안 돼. 너 한 번 울렸잖아."

"안 울었거든? 그리고 나도 생각 없네요."

란희의 반응을 살피던 노을이 후보에서 태수의 이름을 지웠다.

"그럼 결국 파랑이 아니면 무리수 형이네?"

"그런데 갑자기 무리수 오빠는 왜?"

"내가 다 본 것이 있느니라."

"신경 끊어 주지 않을래? 내 미래를 두 사람으로 한정 짓지 마. 가능성은 무궁무진하다고."

"그래라."

노을은 다시 해킹 프로그램을 켰다.

"뭐 해?"

"녹슨 실력을 보완해야지."

"왜?"

"언제 어디서 필요할지 모르잖아."

"언제 어디서 사고 칠지 모른다는 말로 들린다."

노을은 배시시 웃으며 자기 일에 집중했다. 란희는 감자칩이 다 떨어진 것을 보고 몸을 일으켰다.

"난 간다."

"벌써 가게?"

"오늘 아저씨 일찍 들어오신다며. 오붓하게 가족끼리 저녁 먹어. 너 고백할 것도 있잖아."

"아, 그랬지. 근데 꼭 오늘 해야 할까……."

"응. 매도 빨리 맞는 게 낫다고 했어."

"…그렇겠지."

노을은 불안한 마음을 담아 손가락을 꼼지락거렸다.

"화이팅 해라. 쫓겨나면 와. 하루는 재워 줄게."

란희가 손을 팔랑팔랑 흔들며 사라지자 노을은 더 심란해졌다. 스마트폰의 스마일 아이콘을 누르자 반가운 목소리가 흘러나왔다.

"딩동. 안녕, 노을."

"응, 안녕하지 못해."

"무슨 일인데?"

"혼날 것 같아서. 넌 뭐 하고 있었어?"

"아이돌에 이어서 배우와 드라마, 영화에 대한 공부를 마쳤어. 이제 전과 같은 실수는 없을 거야."

"그래, 뭐든 배우면 좋은 거지."

"뭘 도와줄까?"

"도와 달라고 부른 거 아니야. 프랑스에서는 비상 상황이었고, 앞으로는 나 안 도와줘도 돼. 나 스스로 할 거니까. 아니다. 가끔, 가끔만 도와줘. 진짜 급할 때."

"알았어, 노을."

히죽 웃은 노을은 노크 소리에 고개를 돌렸다.

"네."

"아버지 오셨어. 밥 먹으러 내려와."

"네!"

큰 소리로 대답하고 나자 머리가 지끈거렸다. 올 것이 왔다.

"나 다녀올게."

피피에게 인사하고 방문을 열었다. 1층으로 내려가자 음식 냄새가 진동했다. 킁킁거리며 식탁 앞으로 간 노을의 눈이 동그래졌다.

상다리가 휘어지고 있었다. 생일이라도 되는 것처럼 노을이 좋아하는 음식이 가득했다. 식탁 위에 갈비찜 그릇을 내려놓으며 엄마가 말했다.

"우리 세 식구 오랜만에 같이 밥 먹는 거라서 힘 좀 썼지."

노을은 의자에 앉지도 않고 손으로 산적 하나를 집었다.

"와, 맛있어요."

"엄마가 다 한 거야."

노을은 양심의 아픔을 느끼며 슬쩍 운을 뗐다.

"저, 드릴 말씀이 있어요."

"뭔데?"

그때 등 뒤에서 쓱 다가오는 기척이 느껴졌다. 아버지, 진영진이었다.

"캠프는 잘 다녀온 거냐."

노을이 쭈뼛쭈뼛 돌아섰다. 캠프가 끝나고 바로 돌아오지 않았다는 것도 고백해야 했다.

"네, 아버지. 저… 사실은요."

노을의 길고 긴 고백이 시작되었다.

눈물이 쏙 빠지도록 혼이 난 노을은 의기소침한 채 방으로 돌아왔다. 습관처럼 스마트폰을 확인해 보니 메시지가 잔뜩 도착해 있었다.

- 너지?
- 너 요즘 텔레비전에 자주 나온다.
- 나랑 사귈래?
- 진짜 천재 소년이네. 조만간 한번 보자.

대부분은 '너지?'와 비슷한 맥락의 메시지였다. '내가 뭘 어쨌다는 거지?' 하며 궁금해하고 있을 때였다.

란희에게 전화가 왔다.

"여보세요?"

"TV 틀어 봐. 한 시간 전부터 뉴스 속보 나오고 있어."

노을은 란희가 시키는 대로 TV를 틀었다. 란희의 말대로 속보가 나오고 있었다. 테러 조직 검거에 대한 내용이었다.

"이 뉴스가 오늘 나오네."

"오늘 결국 1호가 잡혔대."

"1호 잡았으면 다 잡은 거 아니야? 2호, 3호가 잡히는 건 봤잖아. 아, 8호도 잡혔지."

"그래도 잔당들이 엄청 많은가 봐."

"아무튼 잘됐다. 이제 피피도 안전한 거겠지?"

"피피는 안전해졌는데, 넌 아니야."

"왜?"

"계속 봐. 또 나올 거야."

노을은 고개를 갸웃거리며 뉴스 화면을 응시했다. 멍하니 보고 있는데, 화면에 김연주의 모습이 스치고 지나갔다.

"와, 김연주 샘이다. 그치? 화면발 잘 받으신다. 영화배우 같아."

"네가 언제까지 태평할 수 있나 보자."

"왜?"

TV 화면에서 제로 일당을 검거하는 장면이 사라지고 아나운서의 모습이 나타났다.

"한편, 범인이 남긴 암호를 풀어 테러 조직 검거에 도움을 준 영웅이 우리나라의 10대 청소년들이라는 게 알려지면서 화제가 되고 있습니다. 전 세계 수학자와 암호학자들이 풀어내지 못한 문제를 푼 아이들 가운데 천재 소년 진노을 군이 포함되어 있어서 눈길을 끕니다. 뿐만 아니라 진노을 군은 프랑스 현지에서……."

노을의 손에서 스마트폰이 툭 떨어졌다.

epilogue

수학특성화중학교 교문 앞에 검은색 자동차 한 대가 멈춰 섰다. 차 뒷좌석 문을 열고 내린 노을과 란희는 트렁크를 열었다. 제 몸집만 한 가방을 내린 노을이 운전석을 향해 인사했다.

"데려다주셔서 감사합니다."

"아빠, 고마워."

둘은 고개를 숙여 인사하고 나란히 교문 안으로 들어갔다.

"오랜만에 교복 입으니까 좋다."

"이번 방학은 정말 길었던 것 같아."

"맞아."

도르륵 도르륵, 여행용 가방 끄는 소리가 요란한 와중에도 어디선가 소란스러운 소리가 들렸다.

"좀 어수선한 것 같지 않아?"

"오늘까지 기숙사 입소잖아. 그래서 그렇겠지."

"그런가."

볼을 긁적거린 노을이 무심코 시선을 돌렸다. 저 멀리에서 음침한 분위기를 발산하며 걸어오는 사람이 보였다. 정태팔이었다.

"우리 담임이 아니라 다행이야."

"공감."

그는 새로 입학한 1학년을 맡게 될 예정이었다. 정태팔을 피해서 지나가자 분위기는 더욱 어수선해졌다. 꺄악 하는 소리까지 들렸다.

"다들 우리만큼 심심했나 봐."

저 멀리 고풍스러운 분위기의 기숙사 건물이 보였다. 1년간 정이 들었는지 반가운 마음마저 들었다. 가까이 다가갈수록 소란은 커졌다. 자세히 보니 아이들이 기숙사 입구에서 우글거리고 있었다.

"무슨 일이지?"

"가 보자."

여행용 가방을 끌고 도착한 노을과 란희의 눈이 동시에 동그래졌다. 우글거리는 아이들 한가운데에 서 있는 사람은…….

"오랜만이네."

무리수였다. 그가 노을과 란희를 발견하고 손짓했다.

"형이 왜 여기에 있어요?"

"전학 왔거든."

"네? 우리가 1기인데요? 우리 학교에 3학년은 없어요."

"전학생 신청을 받아서 3학년 꾸렸다는 말 못 들었구나? 누가 이 학교를 아주 유명하게 만들어 준 덕분에 경쟁률이 엄청났어."

노을의 눈이 동그래졌다.

"네? 그럼 형, 우리 학교 다니는 거예요?"

"선배님이라고 불러."

"헐."

씩 웃은 무리수가 뒤쪽을 가리키며 말했다.

"한 명 더 있어."

무리수가 지목한 방향에 낯익은 얼굴이 보였다.

"언니? 언니도 전학 온 거예요?"

시은을 먼저 발견한 란희가 다가가며 물었다. 아이들이 몰려든 상황이 부담스러워서 뒤로 빠져 있던 시은이 손을 살짝 흔들었다.

"안녕."

이제 2학년이다. 어쩐지 1학년 때보다 더 소란한 한 해가 될 것 같다는 예감이 들었다.